S. R. Siva Kumar

Nanopartículas Bioativas de Prata

S. R. Siva Kumar

Nanopartículas Bioativas de Prata

Imprint

Any brand names and product names mentioned in this book are subject to trademark, brand or patent protection and are trademarks or registered trademarks of their respective holders. The use of brand names, product names, common names, trade names, product descriptions etc. even without a particular marking in this work is in no way to be construed to mean that such names may be regarded as unrestricted in respect of trademark and brand protection legislation and could thus be used by anyone.

Cover image: www.ingimage.com

This book is a translation from the original published under ISBN 978-613-3-99687-8.

Publisher:
Sciencia Scripts
is a trademark of
Dodo Books Indian Ocean Ltd. and OmniScriptum S.R.L publishing group

120 High Road, East Finchley, London, N2 9ED, United Kingdom
Str. Armeneasca 28/1, office 1, Chisinau MD-2012, Republic of Moldova, Europe
Printed at: see last page
ISBN: 978-620-8-02552-6

Índice

1. INTRODUÇÃO

A nanotecnologia é uma área importante da investigação moderna e uma partícula é definida como um pequeno objeto que se comporta como uma unidade inteira em termos de transporte e propriedades. A prata é um elemento saudável na medicina tradicional chinesa e indiana (Ayurveda). A diversidade biológica pode, por conseguinte, ser utilizada como um recurso importante para produtos e processos biotecnológicos, que podem ser sintetizados em grande escala. Atualmente, existe uma necessidade crescente de desenvolver processos respeitadores do ambiente que não utilizem produtos químicos tóxicos nos protocolos de síntese. As abordagens de síntese ecológica incluem polioxometalatos de valência mista, polissacáridos, Tollens, métodos biológicos e de irradiação, que apresentam vantagens em relação aos métodos convencionais que envolvem agentes químicos associados à toxicidade ambiental. A principal vantagem da utilização de extractos de plantas para a síntese de nanopartículas de prata reside no facto de estarem facilmente disponíveis, serem seguros e não tóxicos na maioria dos casos, possuírem uma grande variedade de metabolitos que podem contribuir para a redução dos iões de prata e serem mais rápidos do que os micróbios para a síntese. As nanopartículas de prata tiram partido do efeito oligodinâmico da prata nos micróbios, através do qual os iões de prata se ligam a grupos reactivos nas células bacterianas, levando à sua precipitação e inativação. A seleção do meio solvente e a seleção de agentes redutores e estabilizadores não tóxicos e amigos do ambiente são as questões mais importantes a considerar na síntese ecológica de nanopartículas. A Iniciativa Nacional sobre Nanotecnologia conduziu a um generoso financiamento público da investigação sobre nanopartículas nos Estados Unidos. Nanomateriais como a prata, o alumínio, a platina e o paládio têm sido sintetizados através de uma variedade de métodos, incluindo o modelo duro que utiliza bactérias, fungos e plantas. Em investigações recentes, as nanopartículas de prata estão a desempenhar um papel importante na biologia e na medicina devido às suas atractivas propriedades físico-químicas.

A nanobiotecnologia é atualmente uma das disciplinas de investigação mais dinâmicas na ciência contemporânea dos materiais, na qual as plantas e vários produtos vegetais encontram uma utilização imperativa na síntese de nanopartículas. Estas partículas revelaram caraterísticas totalmente novas e melhoradas, como o tamanho, a distribuição e a morfologia, em comparação com as partículas maiores do material a partir do qual foram preparadas (Van den Wildenberg W 2005).

A nanociência é o mundo dos átomos, moléculas, macromoléculas, pontos quânticos e conjuntos macromoleculares. É dominado por efeitos de superfície, como a força de Vander Waals, a atração, a ligação de hidrogénio, a carga eletrónica, a ligação iónica, a ligação covalente, a hidrofobicidade e a hidrofilicidade, com a quase exclusão dos efeitos à macroescala, como a turbulência e a inércia. O fascínio da nanotecnologia advém dos fenómenos quânticos e de superfície únicos que a matéria apresenta à escala nanométrica, que tornam possíveis novas aplicações e materiais interessantes. A escala nanométrica pode subitamente apresentar propriedades muito diferentes das da escala macroscópica. "A síntese de nanopartículas metálicas e de materiais nanoestruturados está a atrair a atenção da investigação recente devido às suas valiosas propriedades que os tornam úteis para a catálise (Narayanan e El-Sayed, 2004), e para a bio-marcação de meios de registo optoelectrónicos e ópticos (Gracias *et al.*, 2002) (Maier *et al.*, 2001), sensores biológicos (Mirkin *et al.*, 1996; Han *et al.*As nanopartículas são de diferentes tipos: nanoesfera, nanocápsula, lipossoma, nanocristais e nanossuspensão, dendrímeros, nanopartículas poliméricas, estruturas à base de silício, estruturas de carbono, etc., As nanopartículas (NPs) têm uma vasta gama de aplicações em domínios como os cuidados de saúde, cosmética, alimentação humana e animal, saúde ambiental, mecânica, ótica, ciências biomédicas, indústrias químicas, eletrónica, indústrias espaciais, administração de medicamentos e de genes, ciências energéticas, optoelectrónica, catálise, transístores de um só eletrão, emissores de luz, dispositivos ópticos não lineares e aplicações fotoelectroquímicas (Colvin VL, Schlamp MC, Alivisatos A 1994).

1.1 DESENVOLVIMENTO

O conceito de nanotecnologia foi utilizado pela primeira vez em "there is plenty of room at the Bottom", uma palestra proferida pelo físico Richard Fynman numa reunião da American Physical Society no Caltech, em 29 de dezembro de 1959.

A nanotecnologia foi definida pelo professor Norio Tangnehi, da Universidade de Ciências de Tóquio, em 1974, da seguinte forma: a nanotecnologia consiste principalmente no tratamento da separação, consolidação e deformação de materiais por um átomo ou molécula, para descrever a micro-máquina de precisão.

Nos anos 80, a ideia de base desta definição foi aprofundada pelo Dr. K. Eric Dreler, que sublinhou a importância tecnológica dos fenómenos à escala nanométrica e dos dispositivos moleculares. O objetivo da nanotecnologia é melhorar o nosso controlo sobre a construção das coisas, de modo a que os produtos possam ser da mais alta qualidade, causando o menor impacto possível no ambiente.

As nanotecnologias foram identificadas como essenciais para resolver muitos dos problemas que a humanidade enfrenta. São a chave para enfrentar os seguintes domínios.

- Fornecimento de energia limpa e renovável.

- Fornecer água potável a nível mundial.

- Melhorar a saúde e a longevidade.

- Curar e preservar o ambiente.

- Tornar a informação acessível a todos.

- Permitir o desenvolvimento da zona.

1.2 SÍNTESE DE NANOPARTÍCULAS DE PRATA

Existem vários mecanismos disponíveis para a síntese de nanopartículas de prata, incluindo métodos físicos, químicos e biológicos. A maioria dos métodos biológicos tem sido recentemente utilizada na investigação, como os microrganismos, os explantes de plantas e as algas. A síntese de nanopartículas de prata utilizando plantas é muito rentável e pode, portanto, ser utilizada como uma alternativa económica e valiosa para a produção de nanopartículas em grande escala. O principal mecanismo previsto para o processo é a redução assistida por plantas utilizando fitoquímicos. Os principais fitoquímicos envolvidos são os terpenóides, as flavonas, as cetonas, os aldeídos, as amidas e os ácidos carboxílicos. As flavonas, os ácidos orgânicos e as quinonas são fitoquímicos solúveis em água responsáveis pela redução imediata dos iões. Durante a síntese de nanopartículas de prata. Estudos demonstraram que as xerófitas contêm emodina, uma antraquinona que sofre tautomerização, levando à formação de nanopartículas de prata. Verificou-se que os mesófitos contêm três tipos de benzoquinonas: ciperoquinona, dietchequinona e remirina. Foi sugerido que os fitoquímicos estão diretamente envolvidos na redução de iões e na formação de nanopartículas de prata (Morones, JR, Elechiguerra *et al.*, 2005).

1.3 APLICAÇÃO DA SÍNTESE DE NANOPARTÍCULAS DE PRATA À MEDICINA

As comunidades de investigação biológica e médica têm explorado as propriedades únicas dos nanomateriais para uma variedade de aplicações. Termos como nanotecnologia biomédica, biotecnologia e nanomedicina são utilizados para descrever este domínio híbrido. A integração dos nanomateriais com a biologia conduziu ao desenvolvimento de dispositivos de diagnóstico, agentes de contraste, ferramentas analíticas, aplicações de fisioterapia e vectores de medicamentos.

DIAGNÓSTICO

A nanotecnologia numa pastilha é uma nova dimensão da tecnologia "lab-on-a-chip". As nanopartículas magnéticas, ligadas a um anticorpo adequado, são utilizadas para marcar moléculas, estruturas ou microrganismos específicos. As nanopartículas de ouro marcadas com segmentos curtos de ADN podem ser utilizadas para detetar sequências genéticas numa amostra. A tecnologia nanopore para análise de ácidos nucleicos converte cadeias de nucleótidos diretamente em assinaturas electrónicas.

ENTREGA DE MEDICAMENTOS

As actuais tecnologias de administração estão muito longe do conceito de "bala mágica" proposto por Paul Ehrlich no início do século XX, em que o medicamento é orientado com precisão para o local exato de ação. Neste caso, a nanotecnologia oferece outro desafio para nos aproximarmos um pouco mais deste objetivo, ou seja, entregar o medicamento no local certo e no momento certo (O. Kayser, A. Lemke e N. Hernandez-Trejo 2005). O consumo global e os efeitos secundários podem ser consideravelmente reduzidos através da deposição do agente ativo apenas na área da doença e numa dose não superior à necessária. A abordagem altamente selectiva reduz os custos e o sofrimento humano. As aplicações potencialmente importantes incluem o tratamento do cancro utilizando nanopartículas de ferro ou partículas de ouro. O mecanismo envolve sistemas de efluxo, alternando solubilidade e toxicidade através da redução ou precipitação de metais e a ausência de sistemas específicos de transporte de metais (Beveridge *et al,* 1997). Podem distinguir-se dois mecanismos principais para atingir os locais desejados para a libertação do fármaco: (i) orientação passiva e (ii) orientação ativa. Um exemplo de orientação passiva é a acumulação preferencial de agentes quimioterapêuticos em tumores sólidos devido à ação do ADN.

a maior permeabilidade vascular do tecido tumoral em comparação com o tecido saudável. Uma estratégia que poderia permitir uma orientação ativa consiste em funcionalizar a superfície dos vectores de fármacos com ligandos que são reconhecidos seletivamente por receptores na superfície das células em causa. Como as interações entre os ligandos e os receptores podem ser altamente selectivas, isto poderia permitir uma orientação mais precisa para o local em questão (Costas Kaparissides, Sofia Alexandridou *et al*, 2006).

1.4 ACTIVIDADE ANTIMICROBIANA DE NANOPARTÍCULAS DE PRATA

Na China, as nanopartículas de prata são utilizadas como agentes antimicrobianos em muitos locais públicos, como estações ferroviárias e elevadores, e diz-se que têm uma boa ação antimicrobiana. Os revestimentos antimicrobianos à base de prata estão a ser gradualmente utilizados em vários processos de revestimento de acabamento nas indústrias de dispositivos médicos, papel de filtração têxtil e embalagens (Gao *et al.*, 2014). A prata é um metal antimicrobiano bem conhecido, capaz de inibir e matar bactérias e fungos. Atualmente, estão disponíveis muitas formas de prata, tais como nanopartículas de prata metálica, nanopartículas de óxido de prata, zeólitos complexos à base de prata, sais de prata e sais de prata ligeiramente solúveis. A principal vantagem das nanopartículas de prata ou das nanopartículas à base de prata é o facto de terem uma área de superfície maior do que as micropartículas; as nanopartículas oferecem, portanto, uma maior disponibilidade de iões de prata biocidas para um melhor efeito antimicrobiano. Para evitar infecções, foram desenvolvidas várias técnicas de desinfeção antibacteriana para todos os tipos de têxteis. Recentemente, foram desenvolvidos vários agentes antibacterianos para têxteis baseados em soluções de sais metálicos (CuSo4) (Lee *et al.*, 2003). Além disso, foi estudada uma nova geração de pensos que incorporam agentes antimicrobianos como a prata e o iodo.

1.5 NANOPARTÍCULAS DE PRATA PARA O TRATAMENTO DE ÁGUAS RESIDUAIS

No domínio da purificação da água, as nanotecnologias oferecem a possibilidade de eliminar eficazmente os poluentes e os germes. Atualmente, as nanopartículas, as nanomembranas e os nanopós são utilizados para detetar e eliminar substâncias químicas e biológicas, incluindo metais (cádmio, cobre, chumbo, mercúrio, níquel, zinco), nutrientes (fosfato, amoníaco, nitrato e nitrito), cianeto, substâncias orgânicas, algas (toxinas de cianobactérias), vírus, bactérias, parasitas e antibióticos. Quatro categorias de materiais à escala nanométrica estão atualmente a ser avaliadas como materiais funcionais para a purificação da água: nanopartículas contendo metais, nanomateriais de carbono, zeólitos e dendrímeros. Os nanotubos de carbono e as nanofibras também dão resultados positivos. Os nanomateriais dão melhores resultados do que as outras técnicas utilizadas no tratamento da água devido à sua elevada área de superfície (rácio superfície/volume). As nanopartículas de prata também dão bons resultados na purificação de águas residuais e podem ser combinadas com uma das técnicas de diluição em série utilizadas para matar microrganismos.

1.6 ACTIVIDADE ANTIOXIDANTE DAS NANOPARTÍCULAS DE PRATA

Os antioxidantes desempenham um papel importante na proteção da saúde. As provas científicas sugerem que os antioxidantes reduzem o risco de doenças crónicas, incluindo o cancro e as doenças cardíacas. As principais fontes de antioxidantes naturais são os cereais integrais, a fruta e os legumes (Annonymous 1988). Os antioxidantes de origem vegetal, como a vitamina C, a vitamina E, os carotenos, os ácidos fenólicos, etc., foram reconhecidos como tendo o potencial de reduzir o risco de doença. foram reconhecidos como tendo o potencial de reduzir o risco de doença (Annonymous 2007). A maioria dos compostos antioxidantes presentes numa dieta típica provém de fontes vegetais e pertence a várias classes de compostos com uma grande variedade de propriedades físicas e químicas (Sravani e Paarakh 2012). Um método rápido, simples e pouco dispendioso para medir a capacidade antioxidante dos alimentos é a utilização do radical livre 2, 2-Difenil-1-picril hidrazil (DPPH), que é amplamente utilizado para testar a capacidade dos compostos de actuarem como eliminadores de radicais livres ou dadores de hidrogénio e para avaliar a atividade antioxidante (Kirtikar, Basu, 2006). O ensaio DPPH baseia-se na redução do DPPH, um radical livre estável (Warrier e Nambier 1994). O radical livre DPPH com um eletrão ímpar apresenta uma absorção máxima a 517 nm (cor violeta). Quando os antioxidantes reagem com o DPPH, que é um radical livre estável, este é emparelhado na presença de um dador de hidrogénio (por exemplo, um antioxidante que elimina radicais livres) e é reduzido a DPPHH, resultando numa diminuição da absorvância do DPPH (Harborne 1998). A mudança do radical para a forma DPPH resulta em descoloração (cor amarela), dependendo do número de electrões capturados (Ghosh 1998). Quanto maior for a descoloração, maior será o poder redutor. Este teste é o modelo mais amplamente aceite para avaliar a atividade de eliminação de radicais livres de qualquer novo medicamento. (Wagner e Blade *et al.,* 1996) Quando uma solução de DPPH é misturada com a de uma substância que pode doar um átomo de hidrogénio, dá origem à forma reduzida (difenil picril hidrazina; não radical) com a perda desta cor violeta (embora se espere que haja uma cor amarela pálida residual devido ao grupo picril ainda presente). Handa e Vasisht *et.al,* (2006) Os radicais livres de várias formas estão constantemente a ser gerados para satisfazer necessidades metabólicas específicas e são neutralizados por uma rede antioxidante eficaz no organismo. Quando os radicais livres

Quando a produção destas espécies excede os níveis do mecanismo antioxidante, conduz a danos oxidativos nos tecidos e nas biomoléculas, que acabam por provocar doenças, nomeadamente degenerativas (Gutteridge JMC 1995).

1.7 PLANTA HYGROPHILAAURICULATA

As plantas medicinais são dádivas da natureza que podem ser utilizadas para curar mais do que uma doença nos seres humanos (Bushra Begum R, Ganga Devi T.2003). O grande número de plantas presentes na superfície da terra levou a um interesse crescente no estudo de diferentes extractos obtidos de plantas medicinais tradicionais como fontes potenciais de novos agentes terapêuticos (Bonjar, Farrokhi 2004). *Hygrophila auriculata (K. Schum) Heine (*sinónimo*: Asteracantha longifolia Nees, Barleria auriculata Schum, Barleria longifolia Linn},* é descrita na literatura ayurvédica como Ikshura, Ikshagandha e Kokilasha, tendo olhos como a kokila ou o cuco indiano. A planta é um subarbusto que cresce geralmente em zonas pantanosas ao longo de cursos de água. O caule é castanho-avermelhado e o rebento tem 8 folhas e seis espinhos em cada nó. Na Índia, é utilizada como vegetal em estados como Odisha, Chhattisgarh e Bengala Ocidental. As sementes são utilizadas como ingredientes em vários afrodisíacos e preparações tónicas, bem como no tratamento de doenças do sangue, biliosidade, gonorreia, espermatorreia e febre. As sementes são moídas até formar uma pasta e misturadas com leitelho para tratar a diarreia. AKSIR-ULIMRAZ, uma preparação que contém Talamkhana (sementes) como um dos seus ingredientes, é utilizada para prevenir a leucorreia. As cinzas da planta são também utilizadas no tratamento da hidropisia e da gravilha. Uma tintura de toda a planta é benéfica para distúrbios urinários, disúria e micção dolorosa. Uma decocção das raízes é bebida para combater o reumatismo, a gonorreia e a obstrução hepática. As folhas são diuréticas, suaves, tónicas, afrodisíacas, hipnóticas e úteis no tratamento da tosse, diarreia, sede, cálculos urinários, corrimento urinário, inflamações, dores articulares, doenças oculares, dores, ascite, anemia e perturbações abdominais. Um extrato aquoso da planta é tomado por via oral como diurético, espasmolítico e hipotensor. A planta tem uma atividade anti-hepatotóxica em cães. O óleo extraído de toda a planta é antibacteriano. (Nadkarni *et al.,* 2007). As partes aéreas suculentas durante a pré-floração ou a floração são cozidas e consumidas pelas populações rurais nestes estados para aumentar os níveis de hemoglobina. *A Hygrophila* estimula o sistema genital masculino e é benéfica no tratamento da debilidade sexual, ejaculação prematura e insuficiência erétil. É também um poderoso remédio para os cálculos renais. A planta é uma erva selvagem comummente encontrada em locais húmidos nas margens dos rios, valas e campos de arroz em toda a Índia e no Sri Lanka,

Birmânia, Malásia e Nepal. Na sequência de uma série de alegações folclóricas sobre a cura de uma vasta gama de doenças, os investigadores decidiram verificar a eficácia da planta através de um rastreio biológico científico. A planta contém vários grupos de fitoconstituintes, nomeadamente fitoesteróis, ácidos gordos, minerais, polifenóis, proantocianinas, mucilagens, alcalóides, enzimas, aminoácidos, hidratos de carbono, hidrocarbonetos, flavonóides, terpenóides, vitaminas, glicosídeos, etc., e é útil no tratamento de artrite, reumatismo e artrose. e é útil no tratamento de anasarca, doenças do sistema urinogenital, hidropisia, doença de Bright crónica, hiperdipsia, cálculos urinários, flatulência, diarreia, disenteria, leucorreia, gonorreia, asma, doenças do sangue, doenças gástricas, micção dolorosa, menorragia, etc. (Rastogi e Mehmet). (Rastogi e Mehrotra, 1993; Anónimo, 2002; Sharma et al, 2002; Asolkaret al, 2005; Nadkarni, 2007).

1.8 CLASSIFICAÇÃO CIENTÍFICA

Reino : Plantae

Filo: Tracheohyta

Ordem: scrohlariales

Família: Acanthaceae

Género: *Hygrophila*

Espécie : *auriculata*

2. OBJECTIVOS

- Estudo da síntese de nanopartículas de prata a partir do extrato da planta *Hygrophila auriculata*

- Caracterização de nanopartículas de prata por :

- Análise por espetroscopia UV-Vis

- Análise FTIR

- Análise XRD

- Análise SEM

- Análise EDAX

- Estudar a atividade antimicrobiana das nanopartículas de prata utilizando o método de difusão em poço de ágar e o método de difusão em disco.

- Verificar a capacidade das nanopartículas de prata para matar microrganismos utilizando a técnica de diluição em série pelo método da placa de espalhamento.

- Estudar a atividade antioxidante das nanopartículas de prata utilizando o método de ensaio DPPH.

3. REVISÃO DA LITERATURA

3.1 NANOTECNOLOGIA

As nanotecnologias são susceptíveis de revolucionar a agricultura a nível molecular nas células vivas e a nanoagricultura envolve a utilização de nanopartículas nas culturas, com a ideia de que estas partículas têm efeitos benéficos nas culturas (Kotegooda *et al*, 2011).

(Atul. R. Ingole *et al*, 2010) referiu que os nanomateriais são vistos como uma solução para muitos desafios tecnológicos e ecológicos nos domínios da conversão da energia solar, da catálise, da medicina e do tratamento da água. No contexto dos esforços globais para reduzir os resíduos perigosos, a procura cada vez maior de nanomateriais deve ser complementada por métodos de síntese respeitadores do ambiente. As nanotecnologias estão a mudar fundamentalmente o modo como os materiais são sintetizados e os dispositivos fabricados. A incorporação de blocos de construção à escala nanométrica em congressos funcionais, e depois em dispositivos multifuncionais, pode ser conseguida utilizando uma "abordagem ascendente". O estudo da síntese de materiais à nanoescala é de grande interesse devido às suas propriedades únicas, como as propriedades optoelectrónicas, magnéticas e mecânicas, que diferem das dos materiais a granel.

As nanopartículas têm sido amplamente utilizadas para aplicações na descoberta de medicamentos, na administração de medicamentos e no diagnóstico, bem como em muitas outras aplicações no domínio da medicina. As nanopartículas podem também ajudar a tornar as superfícies e os sistemas mais fortes, mais leves, mais limpos e mais "inteligentes". Já são utilizadas no fabrico de vidros resistentes a riscos, tintas resistentes a riscos, revestimentos anti-graffiti para paredes, protectores solares transparentes, tecidos resistentes a manchas, janelas auto-limpantes e revestimentos cerâmicos para células solares (Abhilash 2010).

A síntese ecológica de nanopartículas é um passo importante no domínio da nanotecnologia. A nanotecnologia envolve a conceção de materiais ao nível atómico, a fim de obter propriedades únicas que podem ser manipuladas adequadamente para as aplicações desejadas. De todas as nanopartículas metálicas, as nanopartículas de prata são as que estão a atrair mais atenção devido às suas propriedades físicas, químicas e biológicas únicas. (Swarup Roy e Tapan Kumar Das 2015).

Javed Ijaz Hussain, Sunil Kumar *et al./*2011) relatam o efeito das concentrações de anilina no crescimento e tamanho dos nanocristais de prata utilizando anilina e nitrato de prata como redutor e oxidante, respetivamente. Os padrões de anel estão em boa concordância com os valores padrão para a forma cúbica centrada na face dos nanocristais de prata. Este facto é atribuído à adsorção de anilina e à interação interpartículas na superfície dos nanocristais de prata através de interações electrostáticas entre pares de electrões -NH2 e a superfície positiva das nanopartículas de prata.

Entre as várias abordagens atualmente disponíveis para a produção de nanopartículas metálicas, a síntese biogénica é cada vez mais procurada como parte das nanotecnologias verdes. Entre as várias fontes naturais, os materiais vegetais são a matriz orientadora mais facilmente disponível, oferecendo uma boa relação custo-eficácia, respeito pelo ambiente e facilidade de manuseamento. Além disso, os potenciais farmacológicos inerentes a estes extractos de plantas medicinais oferecem aplicações biomédicas adicionais para nanopartículas metálicas sintetizadas. (Goutam Brahmachari, Sajal Sarkar 2014).

Estas nanopartículas têm muitas aplicações importantes, incluindo revestimentos espectralmente selectivos para a absorção de energia solar e material de intercalação para baterias eléctricas, como receptores ópticos, filtros polarizadores, catalisadores em reacções químicas, rotulagem biológica e agentes antimicrobianos. A aplicação de nanopartículas de prata nestes domínios depende da capacidade de sintetizar partículas de composição química, forma, tamanho e monodispersão diferentes. Nos métodos de redução química, o agente redutor é uma solução química como os polióis, o NaBH4, o N2H4, o citrato de sódio e a N, N-dimetilformamida, enquanto que nos métodos biológicos, o conjunto de enzimas, nomeadamente a nitrato redutase, desempenha este papel. Os métodos de pirólise por pulverização são efectuados em condições de alta temperatura e pressão (Bekkeri swathy 2014).

3.2 NANOPARTÍCULAS DE PRATA

A prata metálica é um dos elementos mais fundamentais do nosso mundo. É um elemento raro mas natural, ligeiramente mais forte do que o ouro e muito dúctil e maleável. A prata pura tem a maior condutividade eléctrica e térmica de todos os metais e a menor resistência de contacto. A prata pode ser encontrada em quatro estados de oxidação diferentes: $^{2+}$Ago, Ag superscipt, Ag3+ superscipt. Os dois primeiros são os mais abundantes, enquanto os dois últimos são instáveis no ambiente aquático (Ramya e Sylvia Subapriya2012).

As nanopartículas metálicas são objeto de grande atenção por parte de químicos, físicos, biólogos e engenheiros para o desenvolvimento de nanodispositivos da próxima geração. As nanopartículas de prata utilizando caldo de folhas de *Ocimum sanctum* constituem uma via simples, eficaz e amiga do ambiente para a síntese de nanopartículas inofensivas. (Mallikarjuna, narasimha 2011).

3.3 ACTIVIDADE ANTIMICROBIANA DE NANOPARTÍCULAS DE PRATA

Boily e Vampuyvelde (1986) examinaram as propriedades antimicrobianas do extrato etanólico das folhas, caule, fruto e raiz de *H. auriculata* contra *Staphylococcus aureus, Pseudomonas aeroginosa, Bacillus subtilis, Escherachia coli, Candidaalbicans* e *Mycobacterium smegmatis* e relataram que as folhas exibiam uma atividade antimicrobiana ativa contra *S. aureus, B. subtilis, C. albicans e M.smegmatis*.

Vllentlck *et al,* (1995) examinaram as propriedades antimicrobianas do extrato etanólico das folhas, caule, frutos e raízes de *H. auricalata* contra Staphylococcus aureus, *Pseudomonas aeroginosa, Echterachia coli, Candida albicans* e *Mycobacterium canis* e relataram que as folhas mostraram atividade antimicrobiana contra *S.* aureus, C. *albicans, M. canis e T. mentagraphytes.* aureus, *C. albicans, M. canis e T. mentagraphytes,* o caule mostrou atividade contra C. *albicans, M. canis e T. mentagraphytes.* aureus, *C. albicans, M. canis* e *T.mentagraphytes,* e o caule mostrou atividade contra *C. albicans, M. canis e T.mentagraphytes.*

A atividade antibacteriana do éter de petróleo, do clorofórmio, do extrato alcoólico e do extrato aquoso das folhas de *H. spinosa* contra *Escherachia coli, Staphylococcus aureus, Bacillus subtilis* e *Pseudomonas aeroginosa* foi avaliada pelo método de difusão em disco. Os extractos de clorofórmio e de álcool mostraram uma atividade antibacteriana significativa, enquanto o extrato aquoso teve um efeito moderado e o extrato de éter de petróleo mostrou uma ação menor contra os microrganismos. (Patra, A. Jha 2008).

A atividade antimicrobiana dos extractos de plantas e o rastreio fotoquímico preliminar foram avaliados com microrganismos sensíveis a antibióticos e resistentes a antibióticos. A atividade antimicrobiana foi testada utilizando o método do disco. O extrato da planta mostrou atividade antimicrobiana contra bactérias gram (+) e gram (-). A atividade antibacteriana máxima foi observada contra *S.epidermidis* e a atividade antifúngica máxima foi observada contra *Hygrophila auriculata*. O extrato etanólico foi submetido a uma análise GC-MS. Os extractos de plantas contêm alcalóides, taninos, glicosídeos, terpenóides, esteróides, flavonóides e saponinas (Zahir Hussain e Kumaresan 2013).

As actividades antibacterianas e antifúngicas de *H. schulli* recolhidas das zonas húmidas de Kuttand, no estado de Kerala, Índia. Foram testados extractos quentes e frios de folhas e raízes em sete solventes (hexano, clorofórmio, diclorometano, acetato de etilo, acetona, metanol e água) contra agentes patogénicos bacterianos e fúngicos clinicamente importantes. A ciprofloxacina (5 pg/ml) e a anfotericina B (10 ug/ml) foram utilizadas como medicamentos padrão para analisar a atividade antibacteriana e antifúngica, respetivamente (Pratap Chandran, Manju 2013).

A atividade antimicrobiana do extrato etanólico da planta *Hygrophila auriculata* foi estudada contra cinco agentes patogénicos bacterianos e cinco fúngicos selecionados. Os efeitos dos raios X no extrato também foram examinados, com as doses mais elevadas a darem uma atividade máxima em comparação com as doses mais baixas e normais. (christibai Juliet esther, saraswathi 2012).

Os extractos brutos de metanol e aquoso de *Hygrophila auriculata* exibiram vários graus de atividade antimicrobiana contra os organismos testados. O extrato bruto de metanol de 200 pg/ml mostrou uma zona de inibição mais elevada do que o extrato bruto aquoso contra *S. aureus, S. pneumoniae, E. coli* e *P. aeruginosa,* respetivamente (Doss e Anand 2013).

R. Yuvarajan, e Natarajan *et al* (2014) afirmaram que as nanopartículas de prata sintetizadas em verde podem ser responsáveis por melhores agentes antibacterianos e usadas como uma ferramenta para a preparação de medicamentos em nanoescala num futuro próximo.

O terpenóide biossintetizado para nanopartículas de prata de *Andrographis paniculata* mostrou uma boa atividade anticancerígena em agentes patogénicos humanos testados HeLa e Hep-2 e foi registado como 59,01 e 48,79% a 250pg/ml, respetivamente. (Dhamodaran e Kavitha 2015).

Mukherjee *et al* (2001) relataram que o fungo *Verticillium,* quando exposto a uma solução aquosa de AgNo3, causou a redução de iões metálicos e a formação de NPs de prata sob a superfície das células fúngicas, indicando um mecanismo radicalmente diferente para a redução de iões Ag+ presentes na solução.

Foi demonstrada a síntese rápida de nanopartículas estáveis de prata, ouro e bimetálicas Au/Ag em concentrações elevadas utilizando caldo de folhas de neem. Pensa-se que as flavanonas e os terpenóides presentes no caldo de folhas são as moléculas activas de superfície que estabilizam as nanopartículas (Shiv Shankar, Akhilesh Rai *et al*, 2004).

Um método amigo do ambiente para sintetizar nanopartículas de prata utilizando o extrato aquoso de sementes *de J. curcas*. O extrato de sementes de Jatropha, que é inofensivo para o ambiente e renovável, actua como agente redutor e estabilizador. As partículas têm geralmente uma forma esférica. O tamanho das partículas pode ser controlado através da variação da concentração de AgNO3 (Harekrishna Bar, Dipak Kr. Bhui *et al.*, 2009).

As nanopartículas de prata biossintetizadas com extrato de folhas de *Aindica* demonstraram uma excelente atividade antimicrobiana. A atividade antimicrobiana é bem confirmada pela CIM, pela alteração da capacidade de absorção da membrana e pela atividade respiratória das células bacterianas tratadas com nanopartículas de prata (Krishnaraj, Jagan *et al*, 2010).

As nanopartículas de prata biossintetizadas a partir do extrato aquoso da folha de *I. herbstii* demonstraram uma excelente atividade antimicrobiana, tal como demonstrado pelo seu valor de CIM, e podem ser utilizadas como penso de prata para feridas ou como tecido têxtil revestido a prata. As nanopartículas de prata podem ser úteis no desenvolvimento de novos e mais potentes antioxidantes e agentes anti-cancro.
(Dipankar, S. Murugan 2012)

Foram sintetizadas nanopartículas de prata quase esféricas utilizando o extrato de folhas de oliveira como agente redutor e estabilizador. O tamanho médio das nanopartículas de prata pode ser ajustado modificando simplesmente as concentrações de extrato utilizadas e o pH das reacções. Análises quantificáveis indicaram que a redução do precursor de prata foi favorecida a um pH elevado devido ao aumento da atividade do componente do extrato de folha de oliveira. Assim, o número de núcleos e, por conseguinte, o tamanho das nanopartículas de prata diminuem com o aumento do pH das reacções. As partículas de prata assumiram uma forma mais esférica (Mostafa M.H. Khalil, Eman H. Ismail *et al,* 2013).

No entanto, a absorção e a utilização de nanopartículas de prata pelas plantas requerem uma investigação mais pormenorizada sobre muitas questões, como o potencial de absorção de várias espécies, o processo de absorção e translocação e as actividades das nanopartículas de prata a nível celular e molecular (Priya Banerjee, Mantosh Satapathy 2014).

No presente relatório, foi demonstrada a biorredução de iões Ag+ aquosos pelo extrato de raiz da planta *Trianthema decandra*. A redução de iões metálicos por extractos de folhas leva à formação de nanopartículas de prata de dimensões bastante bem definidas. Mas as capacidades de outras partes da planta, como a raiz, como fonte de cobertura e redução, são boas para a síntese de nanopartículas de prata.

O presente estudo incide sobre a biorredução de iões de prata por extractos de plantas medicinais e a análise da sua atividade antimicrobiana. Os iões de prata aquosos expostos aos extractos e a síntese de nanopartículas de prata foram confirmados pela mudança de cor dos extractos de plantas. Estas nanopartículas de prata inofensivas para o ambiente foram confirmadas por espetroscopia UV-Vis. Os resultados indicam que as nanopartículas de prata têm uma boa atividade antimicrobiana contra vários microrganismos. Confirma-se que as nanopartículas de prata são capazes de uma elevada eficácia antifúngica e, por conseguinte, têm um grande potencial na preparação de medicamentos utilizados contra doenças fúngicas. (Savithramma e Linga Rao 2011).

A síntese biológica rápida de nanopartículas de prata utilizando caldo de folhas de *Ocimum sanctum* é um método simples, eficaz e amigo do ambiente para sintetizar nanopartículas inofensivas. O tamanho das nanopartículas de prata foi estimado em 3-20 nm. As nanopartículas de prata biorreduzidas foram caracterizadas utilizando técnicas espectroscópicas de UV-Vis, XRD, TEM e FTIR. Estas nanopartículas de prata reduzidas estavam rodeadas por uma fina camada de proteínas e metabolitos, tais como terpenóides com grupos funcionais de aminas, álcoois, cetonas, aldeídos e ácidos carboxílicos. Do ponto de vista tecnológico, as nanopartículas de prata obtidas têm aplicações potenciais no domínio biomédico e este procedimento simples apresenta várias vantagens, como a relação custo-eficácia, a compatibilidade com aplicações médicas e farmacêuticas e a produção comercial em grande escala. (Mallikarjuna, narasimha 2011).

Foi demonstrada a biorredução de iões Ag+ aquosos pelo extrato de casca da planta *Boswellia ovalifoliolata*. A redução de iões metálicos por extractos de casca leva à formação de nanopartículas de prata de dimensões bastante bem definidas. Esta abordagem de química verde para a síntese de nanopartículas de prata tem uma série de vantagens, tais como a facilidade com que o processo pode ser aumentado, a sua viabilidade económica, etc. As aplicações destas nanopartículas amigas do ambiente em aplicações bactericidas, de cicatrização de feridas e outras aplicações médicas e electrónicas tornam este método potencialmente interessante para a síntese em grande escala de outros materiais inorgânicos (nanomateriais). Estão a ser estudados estudos antimicrobianos de nanopartículas de prata sintetizadas utilizando *Boswellia ovalifoliolata*. (ankanna, prasad 2010).

A taxa de redução de iões metálicos pelo extrato de folhas de nim provou ser muito mais rápida do que a que utiliza microrganismos. O tratamento de uma solução aquosa de nitrato de prata e de ácido cloroáurico com o extrato de folhas de nim resultou na formação rápida de nanopartículas estáveis de Ag e Au a uma concentração mais elevada. Pensa-se que a flavanona e os constituintes terpenóides do caldo de folhas são as moléculas activas de superfície que estabilizam a formação de nanopartículas, ao contrário das proteínas de elevado peso molecular nos fungos (Shakar et al., 2004).

A utilização do extrato do fruto de *Emblica officinalis* como agente redutor permitiu a síntese extracelular de nanopartículas de Ag e Au altamente estáveis. Para além da estabilidade, é também possível controlar a forma das nanopartículas produzidas a partir de plantas e de alguns dos seus resíduos. Isto foi demonstrado pela síntese rápida de nanopartículas de ouro estáveis com um elevado teor de extrato de folhas como agente redutor. (Ankamwar et al., 2005).

O aparecimento de uma cor vermelha acastanhada e de uma ligeira cor amarela na reação indica a formação de nanopartículas de ouro e de prata, respetivamente. O extrato de folhas de *Cinnamomum camphora* foi recentemente identificado para a produção de nanopartículas de ouro e prata. A diferença acentuada no controlo da forma entre as nanopartículas de ouro e de prata foi atribuída à vantagem comparativa de produzir e reduzir biomoléculas (Huang et al., 2007).

O desenvolvimento de processos experimentais de inspiração biológica para a síntese de nanopartículas está a tornar-se um ramo importante da nanotecnologia. Foi estudado o comportamento de biorredução de vários extractos de folhas de plantas como *Helianthus anna* (asteraceae), *Basella albe* (basellaceae), *Oryza sativa, S accharum officinarum, Sorghum bicolor* e *Zea mays* (poaceae) na síntese de nanopartículas de prata. Verificou-se que H. annus tem um elevado potencial para a redução rápida de iões de prata (arangasamy leela et al., 2008).

São também apresentados os procedimentos de síntese das NPs polímero-Ag e TiO2-Ag. As nanopartículas de prata modificadas com surfactantes ou polímeros mostraram uma forte atividade antimicrobiana contra bactérias Gram-positivas e Gram-negativas. O mecanismo da atividade bactericida das nanopartículas de prata é discutido em termos da sua interação com as membranas celulares bacterianas. Os filtros que contêm prata têm propriedades antibacterianas para a purificação da água e do ar. Por último, são brevemente discutidas as implicações humanas e ambientais das nanopartículas de prata para a ecologia do ambiente aquático. (Virender K. Sharma, Ria A. Yngard 2008).

A utilização de vários materiais vegetais para a biossíntese de nanopartículas é considerada uma tecnologia ecológica, uma vez que não envolve produtos químicos nocivos. O presente estudo relata que as nanopartículas de prata (Ag NPs) foram sintetizadas a partir de uma solução de nitrato de prata por pós de plantas comercialmente disponíveis, tais como *Solanum tricobatum, Syzygium cumini, Centella asiatica* e *Citrus sinensis*. A maior atividade antimicrobiana das nanopartículas de prata sintetizadas por *C. sinensis* e C. asiatica foi observada contra *Pseudomonas aeruginosa* (16 mm). Verificou-se que as nanopartículas de prata sintetizadas neste processo têm uma atividade antimicrobiana eficaz contra bactérias patogénicas (Logeswari, Silambarasan et al., 2012).

As nanopartículas sintetizadas biologicamente têm sido amplamente utilizadas na medicina. A nanotecnologia destaca a possibilidade de utilizar a química verde para produzir nanomateriais tecnologicamente importantes. Foram utilizadas folhas frescas *de Cassia italic* para sintetizar nanopartículas de prata (Ag). Estas nanopartículas de prata revelaram-se eficazes contra *E. coli* e *C. albicans*. O efeito das nanopartículas de prata no crescimento de bactérias e fungos foi variável. Os resultados importantes deste estudo ajudarão a formular produtos de valor acrescentado nas indústrias biomédica e nanotecnológica, em que as plantas normalmente disponíveis são plantas medicinais devidamente selecionadas (Sermakkani e Thangapandian 2012).

Troy Benn e Paul Westerhoff (2008) estudaram a libertação para a água de prata contida em vestuário comercial (meias) e o seu destino em estações de tratamento de águas residuais (ETAR). Seis tipos de meias continham até um máximo de 1360 pg-Ag/g de meia e lixiviaram até 650 ^ug de prata em 500 ml de água destilada. O exame microscópico do material das peúgas e da

A análise da água de lavagem revelou a presença de partículas de prata entre 10 e 500 nm de diâmetro. A adsorção da prata lixiviada na biomassa da estação de tratamento foi utilizada para desenvolver um modelo que prevê que uma estação de tratamento típica poderia lidar com uma elevada concentração de prata no afluente; no entanto, a elevada concentração de prata pode limitar a remoção de biossólidos como fertilizante agrícola.

Tentámos utilizar um novo suporte para a imobilização de nanopartículas para fins de tratamento de água. Utilizámos um método de encapsulamento numa só etapa para imobilizar nanopartículas em esferas de alginato semipermeáveis. As nanopartículas de prata adicionadas ao alginato de sódio e a mistura resultante adicionada gota a gota a uma solução de $CaCl_2$ formaram esferas de nanopartículas de prata. A interação entre os iões Ca^{2+} e o alginato pode ser facilmente observada logo que o alginato é doseado. A interação entre os iões de cálcio e o alginato resultou na formação imediata de flocos contendo esferas visíveis, grandes e circulares. Devido à rápida reticulação, as esferas de gel foram formadas instantaneamente assim que a mistura de nanopartículas de prata e alginato de sódio entrou em contacto com o Ca^{2+} em solução, antes de a sua forma ser distorcida. As esferas foram incubadas durante 9 horas à temperatura ambiente para promover a ligação cruzada e minimizar a perda de nanopartículas de prata por difusão no meio circundante (Huang *et al*, 2012).

3.4 ACTIVIDADE ANTIOXIDANTE DAS NANOPARTÍCULAS DE PRATA

Os antioxidantes são substâncias que actuam como sequestradores de radicais livres, prevenindo e reparando os danos causados por espécies reactivas de oxigénio, podendo assim reforçar a defesa imunitária e reduzir o risco de cancro e de doenças degenerativas (Barathmanikanth et al., 2010). É necessário um sistema de defesa antioxidante ativo para equilibrar a produção de radicais livres. O dano oxidativo criado pela geração de radicais livres é um fator etiológico crítico envolvido em muitas doenças humanas crónicas, como a diabetes mellitus, o cancro, a aterosclerose, a artrite e as doenças neurodegenerativas, bem como no processo de envelhecimento. No tratamento destas doenças, a terapia antioxidante ganhou uma importância considerável (Inbathamizh *et al*, 2013).

O potencial de eliminação de radicais livres das fracções aquosas, alcoólicas e diversas da planta inteira de *H. auriculata* foi avaliado utilizando 1, 1'-difenil-2-picril hidrazil (DPPH), degradação de desoxirribose contra OH, óxido nítrico e testes de peroxidação lipídica. A vitamina E foi utilizada como padrão para o estudo. Os resultados do estudo revelaram que a fração de n-butanol exibiu uma potente atividade de eliminação de radicais livres de uma forma dependente da dose e foi comparável aos padrões de vitamina E (Hussain e Nazeer Ahamed *et al.*, 2009).

O extrato alcoólico de sementes *de H. auriculata* mostrou um forte efeito de eliminação do radical livre 2, 2-difenil-2-picril hidrazil (DPPH), superóxido, radical de óxido nítrico e o ensaio de eliminação do radical ABTS. O efeito de eliminação de radicais livres do extrato de *H. auriculata* foi comparável ao dos antioxidantes de referência. Os dados obtidos no estudo sugerem que o extrato de sementes de *H. auriculata* possui uma potente atividade antioxidante contra os radicais livres, previne os danos oxidativos em biomoléculas-chave e oferece uma proteção significativa contra os danos oxidativos (Lobo, V. C., Phatak 2010).

O extrato etanólico de *H. auriculata* tem uma poderosa atividade antioxidante e de eliminação de radicais livres. O exame químico preliminar do extrato etanólico de *H. auriculata* mostrou a presença de polifenóis, flavonóides, triterpenos e esteróis, que podem ser responsáveis pela atividade antioxidante. Estão em curso mais estudos para isolar outros compostos activos presentes no extrato (Sridhar e Nandakumar *et al.*, 2013).

A atividade antioxidante in vitro foi realizada com os derivados de cumarina 4-hidroxi, 5-cloro-4-hidroxi e 7-hidroxi-4-metilo utilizando o método de eliminação do radical livre DPPH, o método do superóxido e o método do óxido nítrico. O valor IC50 foi determinado para cada composto. Os resultados dos métodos DPPH, do superóxido e do óxido nítrico revelaram que os compostos I e II apresentaram uma forte atividade antioxidante em comparação com o ácido ascórbico e sugerem que estes compostos podem ser de grande importância como agentes terapêuticos na prevenção ou no retardamento da progressão do envelhecimento e das doenças degenerativas associadas ao stress oxidativo relacionado com a idade. O composto III também demonstrou uma boa atividade antioxidante (Patel Rajesh e Patel Natvar 2011).

4. MATERIAIS E MÉTODOS

4.1 RECOLHA DE PLANTAS

Folha fresca da planta *Hygrophila auriculata (K. Schum) Heine* recolhida de Thenapillai em Trichy, Tamil Nadu, e Índia, no mês de dezembro de 2015. Identificação da planta O Diretor do Herbário Rapinat e do Centro de Sistemática Molecular do St. joseh's College em Tiruchirapalli.

4.2 PREPARAÇÃO DO EXTRACTO VEGETAL

As folhas frescas foram lavadas em água corrente durante 15 minutos e secas ao ar à temperatura ambiente durante uma semana. As folhas foram cortadas em pequenos pedaços e moídas até obterem um pó fino. Foram pesados 20 g de pó e dissolvidos em 100 ml de água destilada num Erlenmeyer de 500 ml e fervidos durante 30 minutos. O extrato foi filtrado através de um pano de vidro antes de ser filtrado através de papel de filtro Whatman n.º 1, e armazenado num recipiente hermético ao abrigo da luz solar directa para utilização futura.

4.3 PREPARAÇÃO DE NANOPARTÍCULAS DE PRATA

O nitrato de prata foi adquirido à Fish Scientific. O nitrato de prata 1mM (AgNoa) foi preparado numa garrafa de 1000ml. O extrato de folha de 100ml foi misturado com 900ml de solução de nitrato de prata numa proporção de 1:9. O pH era de 5,62. A mistura foi mantida no escuro durante 12 horas. A cor da solução mudou de amarelo para castanho, indicando que as nanopartículas de prata tinham sido sintetizadas. A solução foi então centrifugada a 7000 rpm durante 15 minutos a 28°C. O sedimento foi recolhido e armazenado num recipiente fechado. O pellet foi recolhido e armazenado numa estufa de ar quente para secar.

4.4 CARACTERIZAÇÃO DE NANOPARTÍCULAS DE PRATA

As nanopartículas de prata foram caracterizadas utilizando uma variedade de instrumentos e técnicas. Estas incluíram observação visual, espetrofotómetro UV-V, FTIR, XRD, SEM e EDAX.

4.4.1 ANÁLISE POR ESPECTROFOTÓMETRO UV-VIS

Para determinar o tempo de produção máxima de nanopartículas de prata, os espectros de absorção das amostras foram medidos entre 300 e 600 nm utilizando um espetrofotómetro UV-Vis. Foi utilizada água desionizada como branco.

4.4.2 ESPECTROSCOPIA DE INFRAVERMELHOS COM TRANSFORMADA DE FOURIER (FTIR)

Foram efectuadas análises FTIR para identificar as possíveis biomoléculas responsáveis pela redução de iões $Ag+$ e a recuperação de nanopartículas de prata biorreduzidas sintetizadas pelo extrato bruto da planta. O resíduo foi seco e misturado com brometo de potássio (KBr).

4.4.3 Análise de difração de raios X (XRD)

O padrão de difração de raios X mostra a estrutura cristalina das nanopartículas de prata. O pó fino e cristalino seco foi utilizado para a análise XRD. O espetro de XRD confirmou a presença de nanopartículas de prata. As intensidades de difração foram registadas numa gama de 20 ângulos.

4.4.4 Análise SEM (Microscópio Eletrónico de Varrimento)

As nanopartículas de prata foram também caracterizadas por microscopia eletrónica de varrimento (SEM). A visualização direta através de um microscópio eletrónico permite medir o tamanho e a forma das nanopartículas de prata formadas.

4.4.5 Análise EDAX (espetroscopia de raios X por dispersão de energia)

O EDAX é uma técnica analítica utilizada para a análise elementar ou a caraterização química de uma amostra. Baseia-se na interação de uma fonte de excitação de raios X com uma amostra. As suas capacidades de caraterização devem-se em grande parte ao princípio fundamental de que cada elemento tem uma estrutura atómica única que permite um conjunto único de picos no seu espetro de raios X. Para estimular a emissão de raios X caraterísticos de uma amostra, um feixe de partículas carregadas de alta energia, tais como electrões ou protões (ver PIXE), ou um feixe de raios X, é dirigido para a amostra a estudar. O número e a energia dos raios X emitidos por uma amostra podem ser medidos por um espetrómetro de dispersão de energia.

4.5 ACTIVIDADE ANTIMICROBIANA DE NANOPARTÍCULAS DE PRATA

A prata, com a sua potente atividade antimicrobiana, tem sido utilizada na síntese de nanopartículas de prata que são amplamente utilizadas na preparação de alimentos, pomadas tópicas e implantes médicos (Weiss et al. 2006; Wong 2012). As nanopartículas de prata sintetizadas a partir de pós de plantas, tais como, foram testadas quanto à sua atividade antimicrobiana contra organismos patogénicos, tais como *Staphylococcu saureus, Pseudomonas aeruginosa e Escherichia coli,* utilizando o método de difusão em poço. As culturas puras dos organismos foram subcultivadas em caldo nutriente a 35°C numa incubadora. Cada estirpe foi colhida de placas individuais utilizando cotonetes esterilizados. Foram feitos poços de 6 mm nas placas de ágar nutriente utilizando uma punção de gel. Utilizando uma micropipeta, foram vertidos 100//g, 200/g, 300/g, 400/g da solução de nanopartículas nos poços de todas as placas. Após incubação a 37°C durante 24 horas, foram medidos os diferentes níveis da zona de inibição.

4.6 NANOPARTÍCULAS DE PRATA PARA O TRATAMENTO DE ÁGUAS RESIDUAIS

O efeito antibacteriano das nanopartículas de prata foi avaliado contra bactérias presentes em amostras de águas residuais utilizando o método da placa espalhada. De seguida, foi retirado 1 ml da amostra e adicionado a 9 ml de água destilada. As bactérias foram isoladas a partir de 0,1 ml de cada frasco de diluição antes de serem tratadas com nanopartículas de prata e as CFU (unidades formadoras de colónias) foram registadas. A amostra foi então tratada com diferentes concentrações (0,5, 1, 2 e 3 ml) de nanopartículas de prata e ambos os conjuntos foram cultivados em placas de Petri contendo 20 ml de meio de ágar nutriente. As placas foram incubadas a 37°C durante 24 horas e as UFC foram registadas após 24 horas.

4.7 ACTIVIDADE ANTIOXIDANTE DAS NANOPARTÍCULAS DE PRATA

O potencial de eliminação do radical livre ı, 1-Difenil-2-picrilhidrazil (DPPH) das nanopartículas de prata foi determinado utilizando o método modificado por Brand-Williams et al. (1995). Foram utilizadas diferentes concentrações (20, 40, 60, 80 e 100 /g/mL) de nanopartículas de prata e um padrão (Tris HCL 0,1M) em diferentes tubos de ensaio. Nas amostras acima referidas, adicionou-se 1 ml de DPPH recentemente preparado (1 mM) dissolvido em metanol e agitou-se cuidadosamente em vórtice. Finalmente, a solução foi incubada no escuro durante 30 minutos. A absorvância do DPPH estável foi registada a 517 nm. O DPPH (sem amostra) foi utilizado como controlo, preparado utilizando o mesmo procedimento. A atividade de eliminação de radicais livres foi expressa como a percentagem de inibição que foi calculada utilizando a equação da atividade de eliminação do radical DPPH 0%P % OAc _ AsP=Ac _ 100; O1P em que Ac é a absorvância de controlo do radical DPPH ? Metanol; As é a absorvância da amostra do radical DPPH ? Amostra: nanopartículas de prata/ácido gálico normalizado.

5. RESULTADOS

5.1 CARACTERIZAÇÃO DE NANOPARTÍCULAS DE PRATA

A formação de nanopartículas de prata a partir do extrato aquoso da planta *Hygrophila auriculata* na solução de nitrato de prata 1mM foi observada com uma mudança de cor castanha indicando a síntese de nanopartículas de prata. Fig 1: síntese de nanopartículas de prata.

5.1.1 ANÁLISE POR ESPECTROFOTÓMETRO UV-VISÍVEL

A adição de extrato de folhas de *Hygrophila auriculata* a uma solução de nitrato de prata (AgNO3) resultou numa mudança de cor da solução de transparente para castanho devido à produção de nanopartículas de prata. As alterações de cor devem-se à excitação das vibrações plasmónicas de superfície pelas nanopartículas de prata. A conformação primária das nanopartículas de prata foi determinada por análise espectrofotométrica UV-Visível. Presença de fitoquímicos solúveis em água, como alcalóides, fitoesteróis, taninos, flavonóides e triterpinas no extrato da planta *hygrophila auriculata*. Observou-se que a redução dos iões de prata ocorre rapidamente e que mais de 90% da redução dos iões de prata está completa em 24 horas, respetivamente, após a adição do extrato aquoso da planta às soluções de iões metálicos, as nanopartículas apresentam um pico máximo de absorção a 440 nm nos espectros UV-VIS (Fig. 2). Espectros UV-VIS registados a partir da planta *Hygrophila auriculata*. É claramente visível a forte ressonância plasmónica de superfície centrada em 440 nm.

5.1.2 ANÁLISES FITR

O espetro FTIR obtido para o extrato de folhas de *Hygrophila auriculata* (Fig. 3) mostra uma série de picos de absorção, reflectindo a sua natureza complexa. [1]Os picos de absorção fortes a 3433 cm resultam do estiramento O-H, a banda ligada a H de álcoois e grupos funcionais fenólicos. Os picos de absorção a cerca de 2927,6 cm-1 podem ser atribuídos a vibrações de estiramento da banda O-H dos ácidos carboxílicos. Os picos a 1.583 cm-1 indicam a flexão N-H e a função 1°amina. A banda intensa a 1404,9 cm-1 pode ser atribuída a vibrações de estiramento C-C de aromáticos.

O espetro de FT-IR também mostra bandas a 1123 cm-1 identificadas como amida I e amida II, que são devidas a vibrações de estiramento de carbonilo (C-O) e carbonilo nas ligações amida da proteína, respetivamente. O estudo FT-IR indica que o carboxilo (-C=O), o hidroxilo. (-OH) e amina (N-H) no extrato de folhas de *Hygrophila auriculata* estão principalmente envolvidos na redução de iões Ag+ em nanopartículas de Ag. O estudo espetroscópico FT-IR também confirmou que a proteína presente no extrato de folhas de *Hygrophila auriculata* actua como um agente redutor e estabilizador das nanopartículas de prata e impede a sua aglomeração. O grupo carbonilo dos resíduos de aminoácidos tem uma forte capacidade de ligação com o metal, sugerindo a formação de uma camada que cobre as nanopartículas de prata e actua como agente estabilizador para evitar a aglomeração no meio aquoso.

5.1.3 ANÁLISE SEM

A análise SEM mostrou nanopartículas de prata uniformemente distribuídas na superfície da célula. As nanopartículas de prata tinham uma forma esférica e o seu tamanho variava entre 5 e 20 nm. As partículas de prata maiores podem ser devidas à agregação das mais pequenas, de acordo com as medições SEM (Fig. 4).

5.1.4 ANÁLISE EDAX

No presente estudo, para a conformação das nanopartículas de prata, foi realizada uma análise espectroscópica EDAX, que confirmou a presença de prata elementar pelos sinais líquidos de carbono, azoto, prata, oxigénio, presentes a 3Kev (Fig. 5).

5.1.5 ANÁLISE XRD

A difração de raios X foi realizada para confirmar a natureza cristalina das nanopartículas de prata. O padrão de XRD mostrou uma série de reflexões de Bragg que podem ser indexadas com base na estrutura cúbica centrada na face da prata. Uma comparação do nosso espetro de XRD com o padrão confirmou que as partículas de prata formadas nas nossas experiências tinham a forma de nanocristais, como demonstrado pelos picos a 29 valores de 38,28°, 44,04°, 64,34° e 77,28° correspondentes às reflexões de Bragg (111), (200), (220) e (311), respetivamente, que podem ser indexadas com base na estrutura cúbica de face centrada da prata. Os resultados da difração de raios X mostram claramente que as nanopartículas de prata formadas pela redução de iões Ag+ pelo extrato de folhas de alfarroba são de natureza cristalina. Os picos não atribuídos designados por são considerados como estando relacionados com fases orgânicas cristalinas e amorfas. A presença de picos estruturais nos padrões de XRD e o tamanho médio cristalino de cerca de 90 nm ilustram claramente que as nanopartículas de prata sintetizadas pelo nosso método ecológico são nanocristalinas por natureza. O tamanho médio das nanopartículas de prata sintetizadas pelo presente método verde pode ser calculado utilizando a equação de Debye-Scherrer D % KX=p cosO ; em que D é a dimensão cristalina das nanopartículas de prata, X é o comprimento de onda da fonte de raios X (0,1541 nm) utilizada na DRX, p é a largura total a meio máximo do pico de difração, K é a constante de Scherrer com um valor de 0,9 tol e 0 é o ângulo de Bragg (Fig. 6).

5.2 ACTIVIDADE ANTIMICROBIANA DE NANOPARTÍCULAS DE PRATA

Os agentes antimicrobianos estão tão difundidos que é provável que desempenhem um importante papel protetor. Estes agentes têm actividades variadas, desde a seletividade contra bactérias gram-negativas até à seletividade contra bactérias gram-positivas, bem como um amplo espetro de atividade. A atividade antimicrobiana da prata é reconhecida pelos clínicos há mais de 100 anos. Só nas últimas décadas é que o modo de ação da prata como agente antimicrobiano foi investigado. No presente estudo, investigámos a atividade antibacteriana de nanopartículas de prata fitosintetizadas contra *Staphylococcus aureas, Escherichia coli, Pseudomoneas aeruginosa, Vibro cholera e Proteus mirabilis*. Relatámos a atividade antimicrobiana das nanopartículas de prata contra *Escherichia coli* e *Vibro cholera*. O efeito foi dependente da dose. As nanopartículas de prata também mostraram atividade antibacteriana contra gram-positivos e gram-negativos e formaram a zona de diâmetros de inibição, respetivamente. (Fig. 7).

5.3 NANOPARTÍCULAS DE PRATA PARA O TRATAMENTO DE ÁGUAS RESIDUAIS

As nanopartículas de prata têm sido utilizadas como compostos antimicrobianos para coliformes em águas residuais (Jain e Pradeep, 2005). No presente estudo, as UFC de bactérias antes do tratamento com nanopartículas de prata estavam presentes nas águas residuais (Fig. 8). A UFC de bactérias foi reduzida no caso das nanopartículas de prata de

Hygrophila auriculata numa concentração de 3 ml e num intervalo de tempo de 24 horas (fig. 9). Este efeito foi dependente da concentração e do tempo.

5.4 ACTIVIDADE ANTIOXIDANTE
TESTE DPPH

O DPPH é um radical livre mais estável e conhecido, baseado na redução do hidrogénio ou do eletrão aceite pelos dadores. A capacidade de redução de DPPH da síntese de nanopartículas de prata foi avaliada através da observação da mudança de cor, com o controlo a não mostrar qualquer mudança de cor. O ensaio de captura de DPPH mostrou uma inibição eficaz da síntese de nanopartículas de prata em comparação com o padrão, o ácido gálico (Fig. 10). Verificou-se que a atividade do DPPH aumenta de forma dependente da dose. No entanto, a síntese de nanopartículas de prata mostrou uma maior inibição com 90% de atividade de eliminação de DPPH. Após a adição de solução de DPPH, ocorre uma mudança de cor, que se deve à captura de DPPH devido à doação de um átomo de hidrogénio para estabilizar a molécula de DPPH que é responsável pela absorvância de 517 nm (Molyneux 2004; Kanipandian et al. 2014). O potencial antioxidante pode ser atribuído aos grupos funcionais aderentes do extrato de folha.

Fig 1: SÍNTESE DE NANOPARTICULAS DE PRATA

A- Extrato da planta *Hygrophila auriculata*.

B- Solução de nitrato de prata.

C- Mistura de extrato vegetal e nitrato de prata.

D- Síntese de nanopartículas de prata.

FIG. 2: ANÁLISE POR ESPECTROFOTÓMETRO UV-VISÍVEL

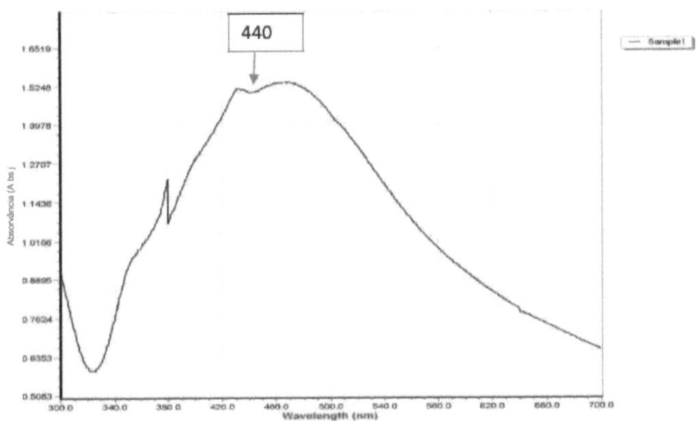

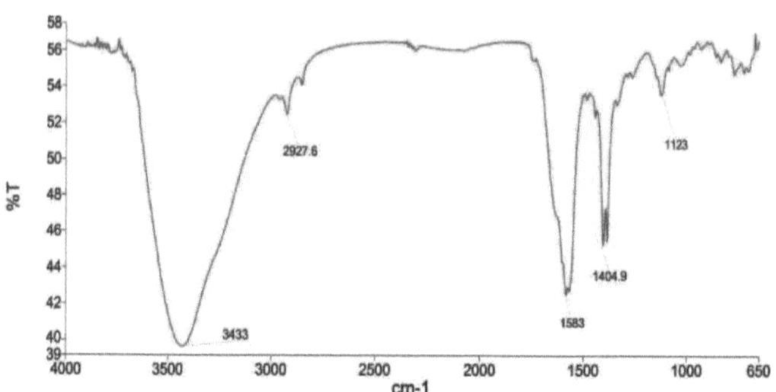

TABELA 1: ANÁLISES FITR DE NANOPARTÍCULAS DE PRATA VALOR

FTIR VALOR	Obrigação	Grupo funcional
3433	estiramento O-H, ligação H	álcoois, fenóis
2927.6	estiramento O-H	ácidos carboxílicos
1583	Curva N-H	1° aminas
1404.9	Esticão C-C (em ringue)	Aromáticos
1123	Estiramento C-O	álcoois, ácidos carboxílicos, ésteres, éteres

FIG. 4: ANÁLISE SEMESTRAL

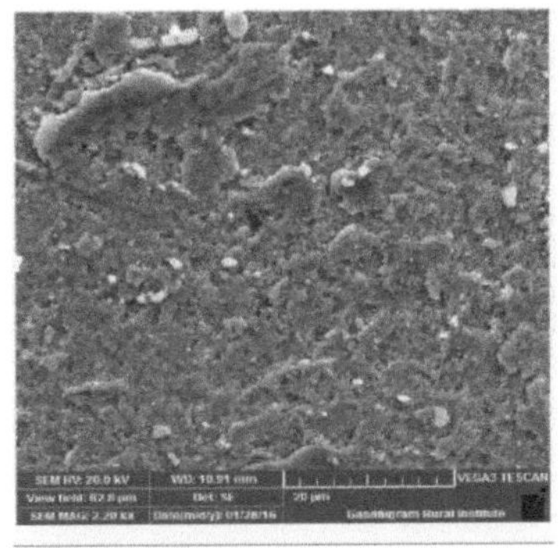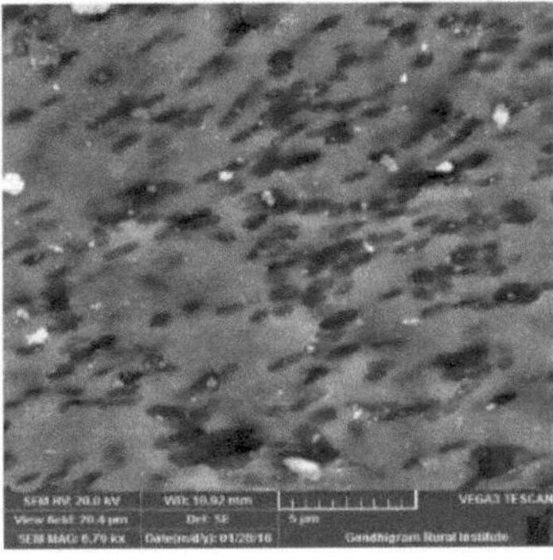

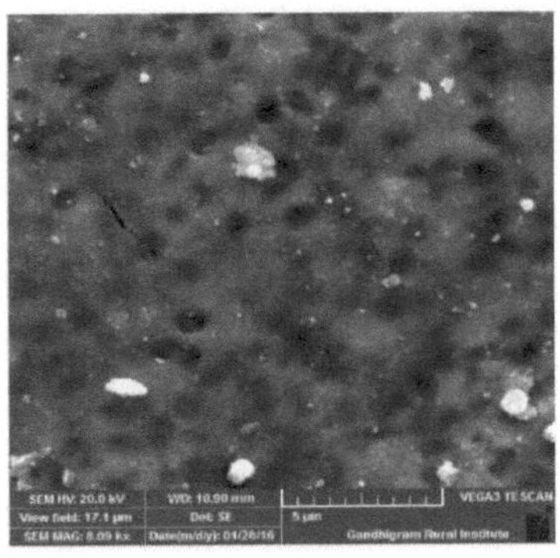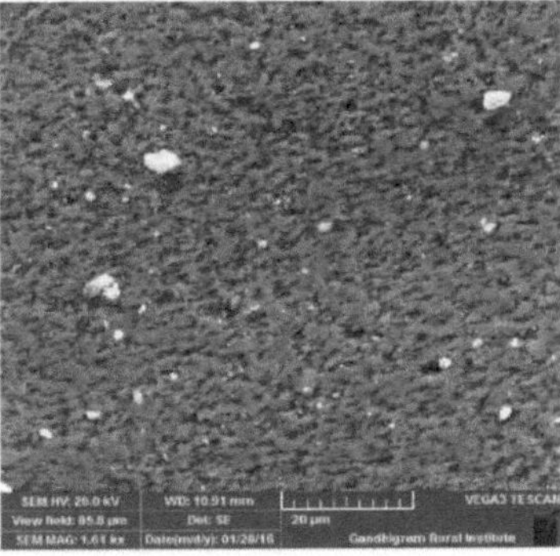

FIG. 5: ANÁLISE EADX

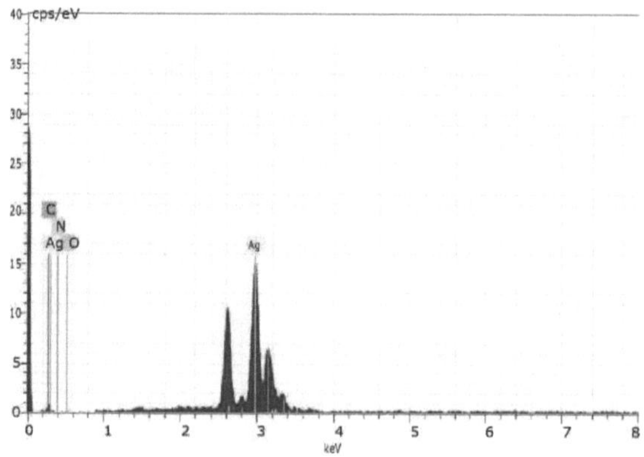

TABELA 2: ANÁLISES EDAX DE NANOPARTÍCULAS DE PRATA VALOR

El	AN	Série [% em peso]	unn. C [% em peso]	norma. C [% em peso]	Átomo. C[wt.%]	(1Sigma) [% em peso]
^g	47	Série L	50.10	91.49	57.72	1.70
C	6	Série K	2.21	4.04	22.87	0.95
O	8	Série K	2.11	3.86	16.41	1.38
N	7	Série K	0.34	0.62	3.00	0.51

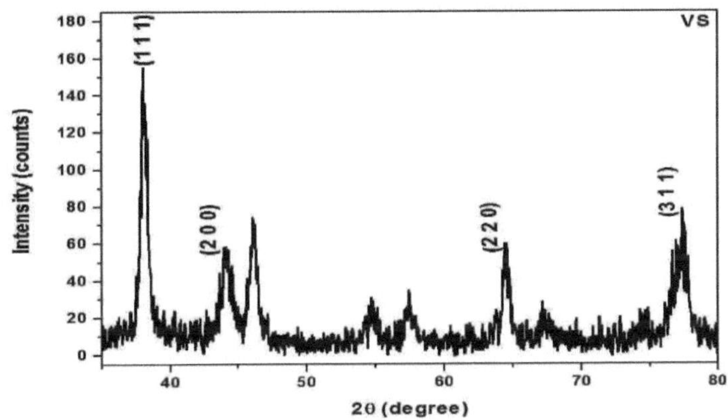

QUADRO 3: ANÁLISE XRD DO VALOR DAS NANOPARTÍCULAS DE PRATA

INTENSIDADE	2θ GRAUS
111	38.28°
200	44.04°
220	64.34°
311	77.28°

FIG. 7: ACTIVIDADE ANTIMICROBIANA DAS NANOPARTÍCULAS

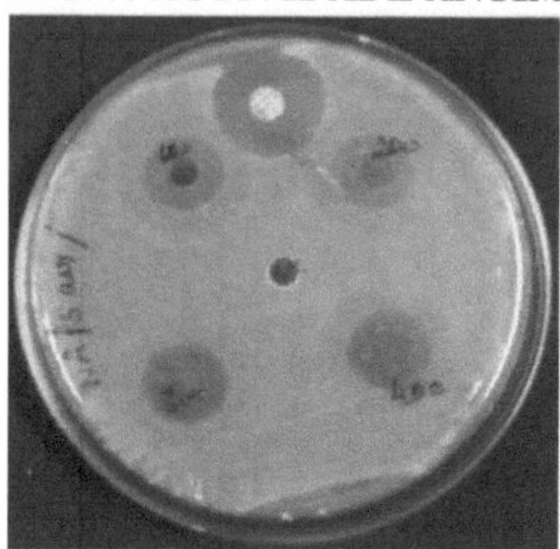

Staphylococcus aureas

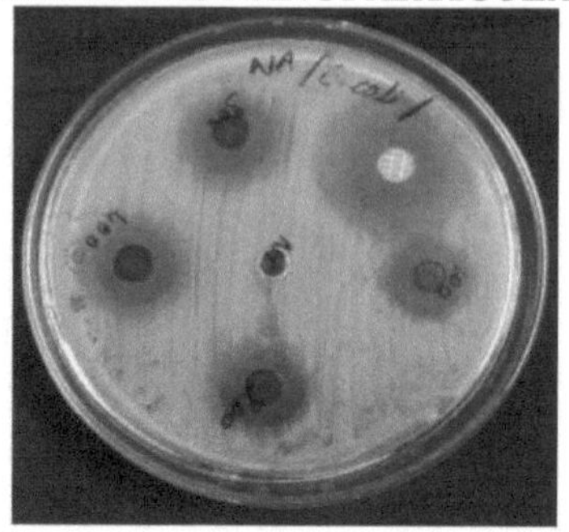

Escherichia coli

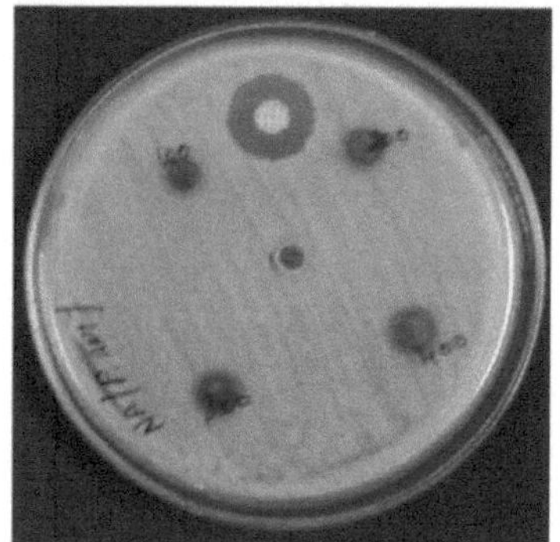

Pseudomonas aeroginosa

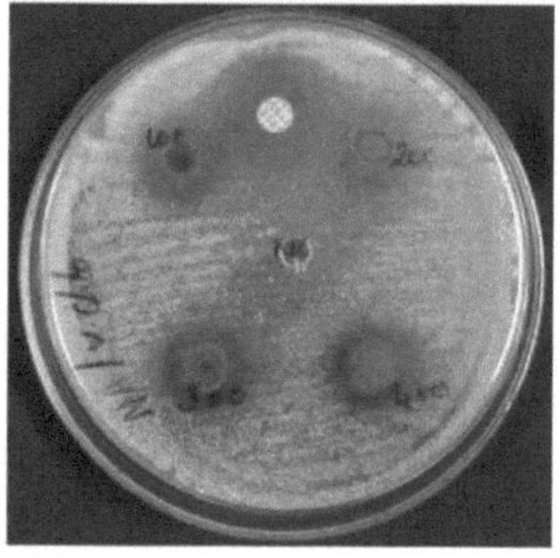

Vibro cholera

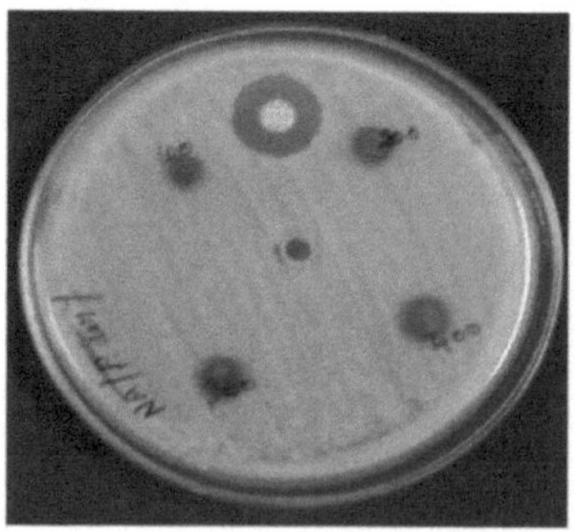

Proteus mirabilis

FIG. 8: AMOSTRA DE ÁGUAS RESIDUAIS UTILIZANDO O MÉTODO

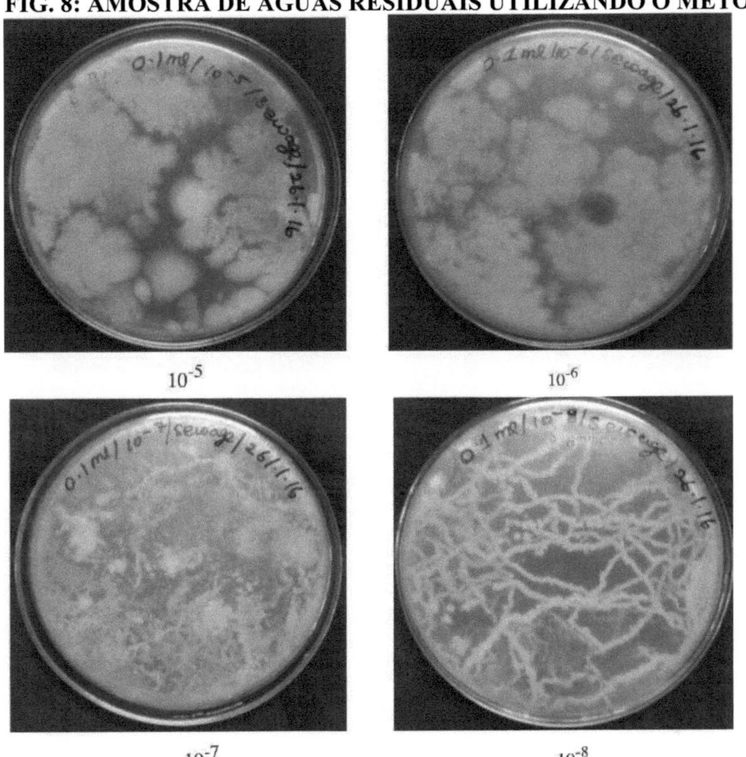

10^{-5} 10^{-6}

10^{-7} 10^{-8}

FIG. 9: NANOPARTÍCULAS DE PRATA E ÁGUA RESIDUAL NA PLACA DE ESPALHAMENTO

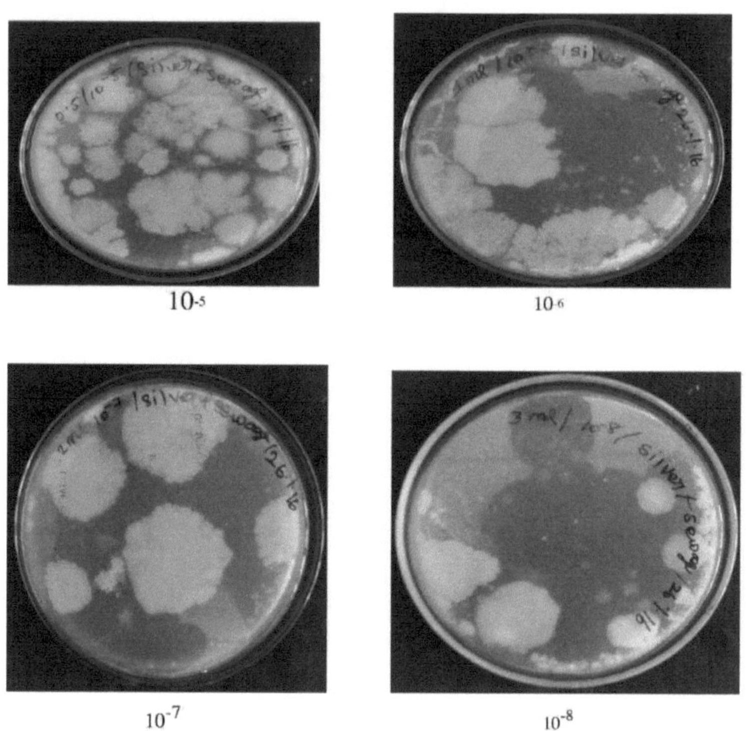

TABELA 4: ACTIVIDADE ANTIMICROBIANA DAS NANOPARTÍCULAS DE SILVE

Nome da cultura	Zona de muting (mm)				Estreptomicina
	100/g	200/g	300/g	400/g	
Staphylococcus auréolas	15	15	14	16	19
Escherichia coli	20	21	22	24	23
Pseudomonas aeruginosa	10	10	12	10	16
Vibro cólera	21	16	16	15	14
Proteus mirabilis	15	15	14	16	17

TABELA 5: DILUIÇÃO EM SÉRIE DE ÁGUAS RESIDUAIS POR PLACA DE ESPALHAMENTO
MÉTODO

S.N.	Água utilizada na amostra (ml)	UFC/ml
1	0.1	470
2	0.1	455
3	0.1	333
4	0.1	378

QUADRO 6: NANOPARTÍCULAS DE PRATA NO TRATAMENTO DE ÁGUAS RESIDUAIS POR
MÉTODO DO PRATO DE SOPA

Síntese de nanopartículas de prata ml	Amostra de águas residuais ml	UFC /ml
0.5	0.1	400

1	0.1	343
2	0.1	200
3	0.1	145

GRÁFICO 1: ACTIVIDADE ANTIMICROBIANA DAS NANOPARTÍCULAS DE SILVE

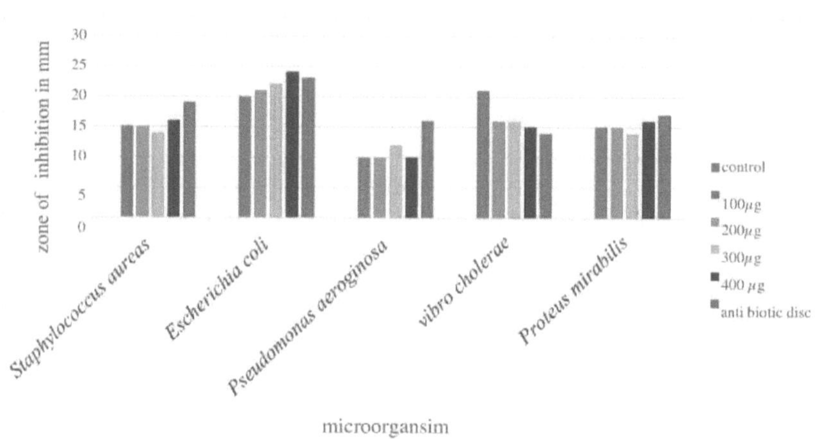

GRÁFICO 2: ACTIVIDADE ANTIOXIDANTE UTILIZANDO O MÉTODO DE ENSAIO DPPH

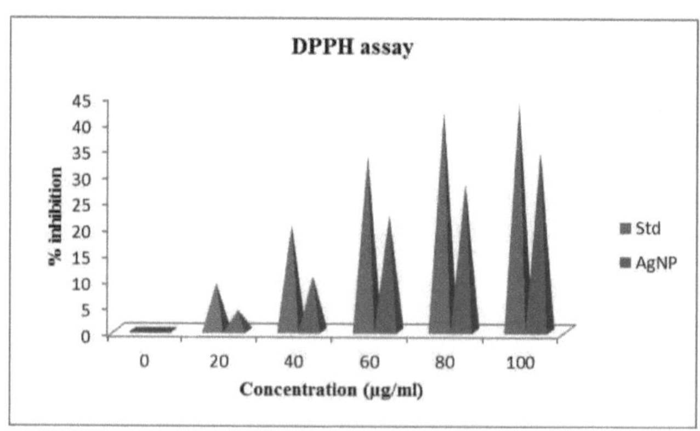

6. DISCUSSÃO

6.1 CARACTERIZAÇÃO DE NANOPARTÍCULAS DE PRATA

O presente estudo elucida a síntese verde de nanopartículas de prata a partir de extractos de folhas e a sua atividade biológica. A adição do extrato aquoso de folhas de *Hygrophila auriculata* a uma solução de nitrato de prata 1 mM levou ao aparecimento de uma cor castanha-amarelada resultante da formação de nanopartículas de prata na solução devido aos fitoquímicos utilizados para formar nanopartículas de prata a partir do extrato de folhas. A taxa de formação foi literalmente rápida, comparável ao método de síntese química, com a cor amarela pálida a aparecer imediatamente após a adição do extrato aquoso da planta e a reação a ficar completa em cerca de 2 horas. Trata-se de um método eficiente e rápido, que foi muito bem explicado por outros investigadores que trabalharam com diferentes sistemas vegetais (Muthukrishnan *et al,* 2015; Kanipandian et al.,2014; Kalaiselvi et al.,2015), o que torna a investigação muito significativa para a síntese rápida de nanopartículas de prata. A variação nas taxas de biorredução observadas pode ser devida a diferenças na atividade das enzimas presentes nos extractos de folhas de plantas.

6.1.1 ANÁLISE POR ESPECTROFOTOMETRIA UV

A absorvância UV/Vis da mistura de reação em função do tempo foi utilizada para obter a evolução temporal da reação. Durante o período de reação, observou-se um aumento da absorvância neste comprimento de onda, o que pode ser devido ao aumento da produção de nanopartículas de prata coloidal (Ahmad, 2002 e Basavaraja, 2008). É geralmente aceite que a espetroscopia UV-Visível pode ser utilizada para examinar o tamanho e a forma das nanopartículas controladas em suspensões aquosas. A adição de 100 ml de extrato bruto *de Hygrophila auriculata* a uma solução de 1 mm de nitrato de prata levou ao aparecimento de uma cor castanho-avermelhada resultante da formação de nanopartículas de prata na solução. O espetro de absorção UV-VIS registado para a solução mostra a banda de ressonância plasmónica de superfície caraterística das nanopartículas de prata na gama de 440 nm. A suspensão biorredutora pode reduzir a formação de nanopartículas de prata até atingir 540 nm.

6.1.2 ANÁLISES FITR

A espetroscopia de infravermelhos pode ser utilizada eficazmente para caraterizar as nanopartículas. Revela quaisquer biomoléculas presentes no extrato de folha que sejam responsáveis pela redução dos iões de prata e pela sua interação com a síntese de nanopartículas de prata. As vantagens da utilização do FTIR em relação ao método convencional foram examinadas em pormenor. A análise FTIR foi utilizada para caraterizar a natureza dos ligandos que estabilizam as nanopartículas de prata formadas pelo processo de biorredução. Os picos de absorção muito fortes em representam a presença de nitrato que pode ser da solução de nitrato de prata, a intracção da água com a superfície da prata pode ser a razão para os picos do modo de estiramento O-H a 3443 da função fenol e álcool e O-H no modo de flexão plana a 2927,6 revelaram que estas bandas são as caraterísticas dos grupos de ácido carboxílico.

6.1.3 ANÁLISE SEM

O MEV é um microscópio eletrónico de varrimento que cria uma variedade de imagens fazendo incidir um feixe de electrões de alta energia sobre a superfície de uma amostra e detectando sinais da interação do eletrão incidente com a superfície da amostra. As imagens SEM têm uma maior profundidade de campo, dando um aspeto 3D caraterístico que é útil para compreender a morfologia do material. A ampliação é da ordem de 10.000 x 26 nm. Os estudos de microscópio eletrónico de varrimento foram utilizados para visualizar as partículas sintetizadas. O tamanho das partículas indica que se trata de nanopartículas de prata.

6.1.4 ANÁLISE EADX

Foi confirmada a análise por espetroscopia de energia dispersiva (EDS) de nanopartículas de prata na presença de sinais elementares. A análise EDX fornece um estado quantitativo e qualitativo dos elementos que podem estar envolvidos na formação das nanopartículas. As nanopartículas sintetizadas com extractos de folhas de *Hygrophila auriculata* confirmam a formação de nanopartículas de prata. O espetro também mostra alguns picos não identificados na imagem, que podem ser devidos à grelha de cobre utilizada para a análise EDX. As linhas de identificação para as principais energias de emissão da prata são apresentadas e correspondem aos picos no espetro, assegurando que a prata foi corretamente identificada. O espetro de EDAX confirma claramente que 93,8% dos nanocristais são de prata. Em geral, os nanocristais de prata metálica apresentam um pico de absorção ótica típico de cerca de 3 keV devido à ressonância plasmónica de superfície.

6.1.5 ANÁLISE XRD

Os padrões de XRD das nanopartículas mostram várias caraterísticas dependentes do tamanho, incluindo a posição do pico, a altura do pico e a largura do pico. A natureza cristalina das nanopartículas de prata foi confirmada por análise de difração de raios X (XRD). Os padrões típicos de XRD das partículas preparadas a partir da biossíntese do extrato da planta mostram picos de difração. Para além dos picos de Bragg representativos dos nanocristais de prata, são também observados outros picos ainda não atribuídos, sugerindo que a cristalização da fase bio-orgânica ocorre na superfície das nanopartículas de prata.

6.2 ACTIVIDADE ANTIMICROBIANA DAS NANOPARTÍCULAS DE PRATA

Nos últimos anos, a resistência das bactérias patogénicas aos agentes antimicrobianos disponíveis no mercado tem aumentado a um ritmo alarmante e tornou-se um problema grave. Há uma necessidade crescente de procurar novos agentes antimicrobianos baseados em substâncias naturais e inorgânicas. Entre os agentes antimicrobianos inorgânicos, a prata tem sido o mais utilizado. A atividade antibacteriana das nanopartículas de prata tem sido amplamente estudada. As nanopartículas de prata actuam numa vasta gama de locais-alvo, tanto extracelulares como intracelulares. Aproveitam o efeito oligodinâmico da prata nos micróbios, onde os iões de prata se ligam a grupos reactivos nas células bacterianas, levando à sua precipitação e inativação (Sarvamangala e Pati, 2014). A atividade antimicrobiana do extrato etanólico da planta foi estudada contra cinco bactérias e agentes patogénicos selecionados. O extrato de folhas de *Hygrophila auriculata* irradiado com uma dose baixa de raios X mostrou uma zona de inibição mais baixa do que o extrato de folhas de *Hygrophila auriculata* não irradiado, ao passo que o extrato de folhas de *Hygrophila auriculata* irradiado com uma dose elevada de raios X mostrou uma zona de inibição mais elevada (Christibai juliet esther, Saraswathi2012). A atividade antimicrobiana do éter de petróleo, clorofórmio, álcool e extrato aquoso das folhas de *Hygrophila auriculata* foi avaliada utilizando o método de difusão em disco. A 100 mg, o disco mostrou um aumento significativo nos diâmetros da zona de inibição (mm) para *Escherichia coli, Staphylococcus aureua,*

Bacillus subtilis e Pesudomonass aeruginosa em placas de Petri. Extrato de éter dietílico *de Hygrophila auriculata*. A planta mostrou atividade antimicrobiana contra os organismos testados na seguinte ordem: *S.epidermidis (22 mm), E.coli (17 mm), bactéria Corney (12 mm), vibrio cholerace (*9 mm*), E.fecalis (20 mm), Salmonalla typi (*19 mm*).* No caso dos fungos, a atividade antimicrobiana contra os organismos testados foi da ordem de *C.albicans* (11 mm) e *A.niger (*9 mm*)*. A atividade antibacteriana máxima foi observada contra *S. epidermidis.* Assim, em comparação com o resultado acima para o extrato da folha da planta *Hygrophila auriculata* contra a atividade antimicrobiana, a formação de uma zona de inibição mais elevada. Assim, verificou-se novamente que as nanopartículas de prata exibem uma boa atividade antibacteriana contra *E. coli.* No que diz respeito à sua atividade antimicrobiana, vários investigadores concentraram-se nas caraterísticas do pó, tais como partículas, forma e constante de rede.

6.3 NANOPARTÍCULAS DE PRATA PARA O TRATAMENTO DE ÁGUAS RESIDUAIS

Está atualmente em curso uma investigação sobre a utilização das nanotecnologias para purificar a água e torná-la potável. Espera-se que as nanopartículas, em particular a prata, desempenhem um papel crucial na purificação da água, uma vez que têm sido utilizadas contra coliformes em águas residuais. No presente estudo, o tratamento da amostra de águas residuais com nanopartículas reduziu significativamente a carga bacteriana. Esta redução foi função do tempo de incubação e da concentração de nanopartículas. O efeito antibacteriano das nanopartículas de prata e a irradiação ultra-sónica das águas residuais resultaram numa redução do número de colónias para um número muito baixo após o tratamento com nanopartículas de prata.

6.4 ACTIVIDADE ANTIOXIDANTE DAS NANOPARTÍCULAS DE PRATA

O ensaio DPPH é um dos métodos mais utilizados para avaliar a atividade antioxidante dos extractos de plantas. Para as nanopartículas de prata revestidas com proteínas obtidas, foi determinada a atividade antioxidante *in vitro* contra o radical livre 1,1-Difenil-1-picrilhidrazil (DPPH). A capacidade de doação de hidrogénio ou de electrões das nanopartículas de prata e do extrato aquoso puro de folhas da planta *Hygrophila auriculata* foi medida através do branqueamento de uma solução metanólica roxa de DPPH. Uma vez que os radicais DPPH e peroxilo têm estruturas electrónicas semelhantes (o eletrão desemparelhado está deslocalizado nos dois átomos N do hidrazilo e nos dois átomos O do peroxilo), a taxa de reação do DPPH e dos antioxidantes dá uma melhor aproximação das actividades de eliminação do radical peroxilo lipídico. *A H. auriculata* mantém os níveis de vitaminas antioxidantes C e E, mantendo a homeostase de GSH, protegendo assim as células de mais stress oxidativo. Foi observada uma diminuição significativa nas actividades das enzimas dependentes de GSH G6PD, GST e GR em ratos tratados com HgCl2, o que pode ser devido à diminuição da expressão destes antioxidantes na presença de danos no fígado. Estas observações estão de acordo com os relatórios de Gstraunthaler et al (1983) que demonstraram que a lesão hepática induzida pelo HgCl2 foi acompanhada por uma queda substancial da atividade hepática de GSH, GR, G6PD, GPx e GST, que melhorou com a administração de antioxidantes. É provável que o pós-tratamento com *H. auriculata* mantenha de forma semelhante a atividade GR e GST no fígado, inibindo a peroxidação lipídica e mantendo os níveis de GSH. Isto atesta a poderosa atividade antioxidante da *H. auriculata*.

7. RESUMO

A nanotecnologia é um novo e promissor domínio de investigação no contexto indiano. A síntese de nanomateriais através de processos físicos e químicos já foi objeto de numerosos estudos. Mas a síntese de nanomateriais através de agentes biológicos oferece uma série de vantagens, como a introdução da química verde, que conduz a uma produção não poluente de nanomateriais, ao contrário dos métodos físicos e químicos, que dependem da energia e são poluentes.

A nanotecnologia tornou-se uma área importante da investigação moderna, com efeitos potenciais nos domínios da eletrónica e da medicina. O desenvolvimento de um processo ecologicamente fiável para a síntese de nanopartículas de prata é um aspeto importante da atual investigação em nanotecnologia. Entre os vários métodos de síntese conhecidos, a utilização de plantas para a síntese de AGNPs é rápida, pouco dispendiosa, amiga do ambiente, segura para utilizações terapêuticas humanas e proporciona um método de uma só etapa para o processo de biossíntese.

As nanopartículas de prata sintetizadas a partir do extrato de folhas de *Hygrophila auriculata* foram caracterizadas por espetrofotómetro UV-VIS, FTIR, SEM, EDAX e análise XRD.

Verificámos que as nanopartículas de prata sintetizadas no nosso estudo resistem eficazmente ao crescimento e à multiplicação de bactérias patogénicas, tais como *Staphylococcus aureus, Pseudomonas aeruginosa, Escherichia coli e Proteus mirabilis*.

A aplicação de nanopartículas de prata no tratamento de águas residuais mostrou uma redução significativa da carga bacteriana. Verificou-se que este efeito é dependente da concentração.

A atividade de eliminação de radicais livres da planta *Hygrophila auriculata* e a síntese de nanopartículas de prata foram medidas por 1, 1- difenil-2-picril hidrazil (DPPH). A mistura foi agitada vigorosamente e deixada em repouso à temperatura ambiente durante 30 minutos. A absorvância foi então medida a 517 nm. A absorvância foi medida a 517 nm utilizando um espetrofotómetro.

8.   REFERÊNCIAS

1. A. Ahmad, P. Mukherjee, D. Mandal et al, Enzyme mediated extracellular synthesis of CdS nanoparticles by the fungus, *Fusarium oxysporum, Journal of the American Chemical Society,* vol. 124, no. 41, pp. 12108-1210, 2002. 124, no. 41, pp. 12108-12109, 2002.

2. Abhilash M, Potential applications of Nanoparticles, *International Journal of Pharma and Bio Sciences,* V1 (1)2010.

3. Ankanna. S.prasad T.N.V.K.V.elumalai. E.K.savithramma.N, produção de nanopartículas de prata biogénicas utilizando *a casca* do caule *de Boswellia ovalifoliolata, Digest Journal of Nanomaterials and Biostructures,* Vol. 5, No 2, 2010, p. 369 - 372.

4. Annonymous, The Wealth of India- A dictionary of Indian raw materials & industrial products, revised edn, Publication and Information Directorate, CSIR, New Delhi, 1988, Vol-II B, 119 120.

5. Annonymous, Indian herbal pharmacopoeia, revised new edn, *Indian drug manufacturers association,* Mumbai, 2002, 79-87.

6. Annonyme (2002). The Wealth of India- A Dictionary of Indian Raw Materials and Industrial Products, Ist Supplement Series. Raw Materials. NISCOM, CSIR, Nova Deli, 3:319.

7. Asolkar LV, Kakkar KK, Chakre OJ (2005). Second Supplement to Glossary of Indian Medicinal Plants with Active Principles, Part I, NISCAIR, CSIR, New Delhi. p. 362.

8. Atul R Ingole, SRT, NT Khati, Atul V Wankhade, DK Burghate (2010). Síntese verde de nanopartículas de selénio em condições ambientais. *Chalcogenide Letters.* 7 : p. 485-489.

9. Bekkeri swathy, Uma revisão sobre nanopartículas de prata metálica, *IOSR Journal Of Farmácia,* Volume 4, Número 7 (julho de 2014), PP. 38-44.

10. Beveridge TJ, Hughes MN, Lee H, Leung. KT, Poole RK, Savvaidis I, Silver SJ trevors JT (1997). Precipitação de metais e ausência de um sistema específico de transporte de metais *ADV. microb. physiol.* 38 : 177.

11. Bonjar GHS, Farrokhi PR. Atividade anti-bacilar de algumas plantas utilizadas na medicina tradicional do Irão. *Niger J Nat Prod Med* 2004; 8: 34-39.

12. Boily, Y. e Vnpuyvelde, L. (1986). Triagem de plantas medicinais de Rawanda para atividade antimicrobiana. *Jornal de Etanofarmacologia,* 16(1), 1-13.

13. Brand-Williams W, Cuvelier ME, Berset C (1995) Utilização de um método de medição de radicais livres para avaliar a atividade antioxidante. *Food Sci Technol-LWT28*:25-30.

14. Bushra Begum R, Ganga Devi T. Antibacterial activity of selected seaweeds from Kovalam southwest coast of India (Atividade antibacteriana de algas selecionadas da costa sudoeste de Kovalam da Índia). *Asian J Micorbiol Biotech Env Sci* 2003 ; 5 : 319-322.

15. christibai juliet esther v, Saraswathi r, Dhanasekar s, actividades antibacterianas e antifúngicas *in vitro* juntamente com estudos de irradiação de raios X da planta medicinal *Hygrophila auriculata, revista internacional de farmácia e ciências farmacêuticas,* 0975-1491 vol 4, 2012.

16. Colvin VL, Schlamp MC, Alivisatos AP. Díodos emissores de luz fabricados com nanocristais de seleneto de cádmio e um polímero semicondutor. *Nature.* 1994 ; 370(6488):354-357.

17. Costas Kaparissides, Sofia Alexandridou, Katerina Kotti e Sotira Chaitidou. (2006) *Recent advances in novel drug delivery systems.*

18. Doss.A e Anand S.P, Atividade antimicrobiana de *Hygrophila auriculata* (Schumach.) Heine e *Pergularia daemia* Linn, *African Journal of Plant Science,* Vol. 7(4), 2013pp. 137-142.

19. Dipankar.C, Murugan. S, A síntese verde, caraterização e avaliação das atividades biológicas de nanopartículas de prata sintetizadas a partir de extratos aquosos de folhas de Iresine herbstii, *Colloids and Surfaces B: Biointerfaces* 98 (2012) 112- 119.

20. Evanoff Jr. e Chumanov G. (2004). Síntese de nanopartículas de tamanho controlado. Medição das secções transversais de extinção, dispersão e absorção. *J Phys Chem B,* Vol.108, pp.13957-13962.

21. Gao *et al,* 2014 X. Gao, J.J. Yourick, V.D. Topping, T. Black, N. Olejnik, Z. Keltner, *et al.* Estudo toxicogenómico no timo de ratos da descendência da geração F1 após exposição materna a iões de prata Reports (2014).

22. Gstraunthaler G, Pfaller W e Kotanko P (1983) Glutathione depletion and in vitro lipid peroxidation in mercury and maleate induced acute renal failure. *Biochem Pathol* 32 : 29692972.

23. Goutam Brahmachari, Sajal Sarkar, Ranjan Ghosh, Soma Barman, Narayan C Mandal, Shyamal K Jash, Bubun Banerjee e Rajiv Roy, Síntese biogénica rápida e eficiente de nanopartículas de prata induzida pela luz solar utilizando extrato aquoso de folhas de *Ocimum sanctum* Linn. Com atividade antibacteriana aprimorada, *Cartas de Química Orgânica e Medicinal,* 2014; 4 (1): 18.

24. Gracias, D. H., Tien, J., Breen, T., Hsu, C. e Whiteside, G. M. 2002. *Formação de redes eléctricas em três dimensões por auto-montagem. Science,* 289:1170-1172.

25. Gutteridge JMC. Free radicals in disease processes: A compilation of causes and consequences. *Free radic. Res. Comm* 1995; 19: 141.

26. Ghosh, M.N, *Fundamentals of Experimental Pharmacology,* 2ª edição, Scientific Book

Agency, Calcutá, 1998, 174-179.

27. Handa, SS, Vasisht, K, *et.al*, Compendium of Medicinal and Aromatic Plants-Asia, II, ICS-UNIDO, *AREA Science Park, Padriciano,* Trieste, Itália, 2006, 79-83.

28. Harborne, J.B, Phytochemical methods- A guide to modern techniques of plant analysis, 3rd Edn, Springer (India) Pvt. Ltd, Nova Deli, 1998, 5-32.

29. Hussain, M. S, Nazeer Ahamed, K. F. H, Ravichandiran V, e Ansari M. Z. H. (2009). Avaliação do potencial de eliminação de radicais livres *in vitro* de diferentes fracções de *Hygrophila auriculata* (K. Schum) Heine. *Jornal Asiático de Medicina Tradicional,* 2009, 5(2), 51-59.

30. Jain, P., e Pradeep, T9 (2005). Potencial da espuma de poliuretano revestida com nanopartículas de prata como filtro de água antibacteriano. *Biotechnol. Bioeng.* 90 (1) : 59- 63.

31. Javed Ijaz Hussain , Sunil Kumar , Athar Adil Hashmi , Zaheer Khan, Silver nanoparticles : preparation, characterization, and kinetics, *advanced materials Letters,* 2011, 2(3), 188194.

32. Kalaiselvi A, Roopan SM, Madhumitha G, Ramalingam C, Elango G (2015) Síntese e caraterização de nanopartículas de paládio utilizando extrato de folhas de Catharanthus roseus e sua aplicação na degradação foto-catalítica. *Spectrochim Ata A Mol Biomol Spectrosc* 135:116-119.

33. Kanipandian N, Kannan S, Ramesh R, Subramanian P, Thirumurugan R (2014) Caracterização, avaliação antioxidante e citotoxicidade de nanopartículas de prata sintetizadas em verde usando extrato de Cleistanthus collinus como modificador de superfície. *Mater Res Bull* 49:494-502.

34. Kotegooda, N. e Munaweera, I. Uma composição de fertilizante verde de libertação rápida baseada em nanopartículas de hidroxiapatita modificadas com ureia encapsuladas em madeira. *Current Science,* 2011; 101: 43-78.

35. Krishnaraj .C, Jagan E.G, Rajasekar S, Selvakumar. P, Kalaichelvan. P.T, Mohan. N, Síntese de nanopartículas de prata utilizando extractos de folhas de Acalypha indica e a sua atividade antibacteriana contra agentes patogénicos de origem hídrica, *Colloids and Surfaces B: Biointerfaces* 76 (2010) 50-56.

36. Kirtikar, K.R, Basu, B.D, Indian medicinal plants, International book distributors, Dehradun, 2006, 993-994.

37. Lee H.J., Yeo S.Y., Jeong S.H. Antibacterial effect of nanosized silver colloidal solution on textile fabrics. J. *Mater. Sci.* 38, 2199. 2003.

38. Lobo, V. C., Phatak, A. e Chandra, N. (2010). Atividade antioxidante e de eliminação de radicais livres de *Hygrophila auriculata. Avanços em Bioresearch,* 1(2), 72-80.

39. Logeswari. P, Silambarasan. S, Abraham. J, síntese ecológica de nanopartículas de prata a

partir de pós de plantas comercialmente disponíveis e suas propriedades antibacterianas, *Scientia Iranica F* (2013) 20 (3), 1049-1054.

40. Mallikarjuna .K. Narasimha .G, dillip. G. R, praveen .B, shreedhar .B, sree lakshmi .C, reddy B. V. S, deva prasad raju. B., síntese verde de nanopartículas de prata utilizando extrato de folha de *ocimum* e sua caraterização vol. 6 *journal of nanomaterials and biostructures,* 2011,p.181 - 186.

41. Maureen R. Gwinn e Val Vallyathan (2006) Nanoparticles: *Health Effects-Pros and Cons Environmental Health Perspectives.* 114(12):1818- 1825.

42. Mirkin, C. A., Letsinger, R. L., Mucic, R. C e Storh of, J. 1996. Um método baseado no ADN para a montagem racional de nanopartículas em materiais macroscópicos. Nature, 382 : 607- 609.

43. Muthukrishnan S, Bhakya S, Kumar TS, Rao MV (2015) Biossíntese, caraterização e efeito antibacteriano de nanopartículas de prata mediadas por plantas utilizando *Ceropegia thwaitesii - uma* espécie endémica. *Ind Crops Prod* 63:119-124.

44. Mukherjee, P., Ahmad, A., Mandal, D., Senapati, S., Sainkar, S.R., Khan, M.I, Parisha, R., Ajaykumar, P.V., Alam, M., Rajiv, K., Sastry, M (2001b). Síntese de nanopartículas de prata por fungos e sua imobilização em matriz micelial: *Uma nova abordagem biológica para a síntese de nanopartículas. Nano. Lett.* 515.

45. Mvukiyuwami, P. C. J. (1995). Triagem de cem plantas medicinais ruandesas para propriedades antimicrobianas e antivirais. *Journal of Ethanopharmacology*, 46(1), 31 47.

46. Nadkarni AK (2007). Indian Materia Medica, Popular Prakashan, Mumbai 1:668.

47. Patel Rajesh M e Patel Natvar J, *In vitro* antioxidant activity of coumarin compounds by DPPH, Super oxide and nitric oxide free radical scavenging methods, *Journal of Advanced Pharmacy Education & Research* 1:52-68 (2011).

48. Patra, A., Jha, S., Murthy, N. e Vaibhav, A. (2008). Actividades anti-helmínticas e antibacterianas de *Hygrophila spinosa* T. Anders. *Research Journal Pharmacy and Technology,* 1(4), 531-533.

49. Priya Banerjee, Mantosh Satapathy, Aniruddha Mukhopahayay e Papita Das, Síntese verde de nanopartículas de prata mediada por extrato de folha a partir de plantas indianas amplamente disponíveis: síntese, caraterização, propriedades antimicrobianas e análise da toxicidade, Banerjee et al. *Bioresources and Bioprocessing* 2014, 1:3.

50. PratapChandran. R, Manju. S.Vysakhi .M.V, Shaji. P.K e AchuthanNair. G,Actividades antimicrobianas *in vitro* de extractos de folhas e raízes de *Hygrophila schulli* (Buch.-Ham) contra agentes patogénicos humanos clinicamente importantes, *Biomedical & Pharmacology*

Journal Vol. 6 (2), 421-428 (2013).

51. Ramya. M e Sylvia Subapriya. M, Síntese Verde de Nanopartículas de Prata, *revista internacional de medicina fármaco e ciência biológica,* Vol. 1,2012, 2278 - 5221.

52. Rastogi RP, Mehrotra BN (1993). Compêndio de plantas medicinais indianas (reimpressão Ed.) Volume I. Direção de Publicação e Informação, CSIR, Nova Deli, p. 220.

53. Sarvamangala R. Patil Atividade antibacteriana de nanopartículas de prata sintetizadas a partir de *Fusarium semitectum* e extratos verdes, *Revista Internacional de Engenharia Científica e Pesquisa,* Volume 2 Edição 3, março de 2014.

54. Savithramma. N, Linga Rao. M, Rukmini. K e Suvarnalatha devi. P, Atividade antimicrobiana de nanopartículas de prata sintetizadas pelo uso de plantas medicinais, *Revista Internacional de Pesquisa Química CODEN,* Vol. 3, No.3, 2011, pp 1394-1402.

55. S. Basavaraja, S. D. Balaji, A. Lagashetty, A. H. Rajasab, e A. Venkataraman, "Biossíntese extracelular de nanopartículas de prata utilizando o fungo *Fusarium semitectum"* *Materials Research Bulletin,* vol. 43, no. 5, pp. 1164-1170, 2008.

56. Saifuddin.N, Wong. C. W e Nuryasumira. A, Biossíntese Rápida de Nanopartículas de Prata Utilizando Sobrenadante de Cultura de Bactérias com Irradiação de Micro-ondas, *E-Journal of Chemistry,* 2009, 6(1), 61-7.

57. Salata, Applications of nanoparticles in biology and medicine, *Journal of Nanobiotechnology,* 2004, 2:3.

58. Sermakkani, M. e V. Thangapandian, síntese biológica de nanopartículas de prata usando folhas de plantas medicinais (*Cassia italica*). *Revista Internacional de Investigação Atual* Vol. 4, Edição, 10, pp.053-058, 2012.

59. Sharma PC, Yelne MB, Dennis TJ (2002). Base de dados sobre plantas medicinais utilizadas em ayurveda, Volume IV, *Conselho Central de Investigação em Ayurveda e Siddha*, Nova Deli, p. 320.

60. S. Shiv Shankar, Akhilesh Rai, Absar Ahmad e Murali Sastry, Rapid synthesis of Au, Ag, and bimetallic Au core-Ag shell nanoparticles using Neem *(Azadirachta indica)* leaf broth, *Journal of Colloid and Interface Science* 275 (2004) 496-502.

61. Sravani, T, Paarakh, P.M, "Antioxidant activity of Hedychium spicatum Buch. Ham Rhizomes" *Jornal indiano de produtos naturais e recursos,* Sep.2012, 3(3), 354-358.

62. Kirtikar, K.R, Basu, B.D, Indian medicinal plants, International book distributors, Dehradun, 2006, 993-994.

63. Sridhar MP, Nandakumar N, Rengarajan T, Balasubramanian MP, Melhoria do stress oxidativo induzido pelo cloreto de mercúrio por *Hygrophila auriculata* (K.Schum) Heine através da modulação do desequilíbrio oxidante - antioxidante no fígado de rato, *J Biochem*

Tech (2013) 4(3): 622-627.

64. Swarup Roy e Tapan Kumar Das, Plant Mediated Green Synthesis of Silver Nanoparticles-A Review, *International Journal of Plant Biology & Research,3(3)* : 1044.

65. T r o y M. Benn and p a u l w e s t e r h o f , Nanoparticle Silver Released into Water from Commercially Available Sock Fabrics, *Environ. Sci. Technol.* 2008,*42,* 4133-4139.

66. Vijaya Chavan Lobo, Anita Phatak, Naresh Chandra, Atividade Antioxidante e de Eliminação de Radicais Livres de Hygrophila schulli (Buch.-Ham.) Almeida e Almeida. Sementes, *Avanços em Bio investigação,* Vol 1 [2], 2010 : 72-78.

67. Virender K. Sharma, Ria A. Yngard, Yekaterina Lin, Silver nanoparticles: Green synthesis and their antimicrobial activities, *Advances in Colloid and Interface Science,* 145 (2009) 83-96.

68. Wagner, H, Bladet, S, *et al,* Plant Drug Analysis-A TLC Atlas, 1st Edn, Springer verlag Berlin, Heidel berg, New York, 1996, 195-214.

69. Warrier, P.K, Nambier, VPK, Raman Kutty C, Indian medicinal plants- A compendium of 500 species, 1994, Vol-I, 95-97.

70. Willems, van den Wildenberg. Relatório sobre o roteiro das nanopartículas. Barcelona, Espanha: *W&W Espana sl;* 2005.

71. Wiley, B. ; Sun, Y. ; Mayers *Orient longman Ltd, Madras,* B. & Xi, Y. (2005). Síntese de ananoestruturas metálicas com controlo da forma: o caso da prata. *Chem Eur J,* Vol.11, pp.454-463.

72. Yuvarajan. R, Natarajan. D e Jayavel.R, nanopartículas de prata sintetizadas em verde a partir de indoneesiella echioides e seu potencial antibacteriano, Indo *American Journal of Pharmaceutical Research,* 2014, 2231-6876.

73. Zahir Hussain. A e Kumaresan .S, análise GC-MS e atividade antimicrobiana de *Hygrophila auriculata, Scholars Research Library Archives of Applied Science Research*, 2013, 5 (5):163-168.

More
Books!

info@omniscriptum.com
www.omniscriptum.com
OMNIScriptum